Mes fractales préférées

Tome 2
de David E. McAdams

Les images de ce livre ont été créées avec Fractal Forge. Fractal Forge peut être téléchargé depuis https://sourceforge.net/projects/fractalforge/.

Autres livres de David E. McAdams

Couleurs de perroquets – Une introduction au concept de couleurs. Pour les enfants d'âge préscolaire.

Couleurs de fleurs - Une introduction au concept de couleurs. Pour les enfants d'âge préscolaire.

Couleurs de l'espace - Une introduction au concept de couleurs. Pour les enfants d'âge préscolaire.

Formes - Une introduction aux formes. Pour les enfants d'âge préscolaire.

Nombres - Une introduction au concept de nombres. Pour les classes K-2.

What is Bigger Than Anything? (Infinity) - (en anglais) Une introduction au concept de l'infini. Pour les élèves de la 3e à la 6e année.

Swing sets (Sets) - (en anglais) Une introduction à la théorie des ensembles. Pour les classes 2-4.

One Penny, Two – (en anglais) Si le sou de Sig double chaque jour, combien de temps avant qu'il puisse acheter une voiture de sport vert foncé ? Pour les classes 3-6.

Learning With Money Activity Kit – (en anglais) Enseignez les grands nombres et comptez avec plus de 1 000 000 $ en argent fictif.

Mes fractales préférées (tomes 1, 2) - Livres d'images de fractales merveilleuses présentées sous forme d'images haute résolution. Pour tous les âges.

All Math Words Dictionary - (en anglais) Un dictionnaire de mathématiques pour les étudiants en pré-algèbre, algèbre, géométrie et pré-calcul.

Le premier million de chiffres de Pi – Le premier million de chiffres de pi. Pour tous les âges.

Le premier million de chiffres de e - Le premier million de chiffres de la constante d'Euler e. Pour tous les âges.

Le premier million de chiffres de la racine carrée de 2 - Le premier million de chiffres de la racine carrée de 2. Pour tous les âges.

Les cent mille premiers nombres premiers – Les cent mille premiers nombres premiers. Pour tous les âges.

Orders of Ten - (en anglais) Un livre qui illustre les ordres de dix avec des points (1, 10, 100, … points). Pour les 10-15 ans.

Patrons géométriques - Livre de projets - 80 filets géométriques à copier, découper et coller ensemble en polyèdres tridimensionnels. A partir de 9 ans.

Geometric Nets Mega Project Book - (en anglais) 253 filets géométriques à copier, découper et coller ensemble en polyèdres tridimensionnels. A partir de 9 ans.

Pour une liste à jour, voir www.DEMcAdams.com.

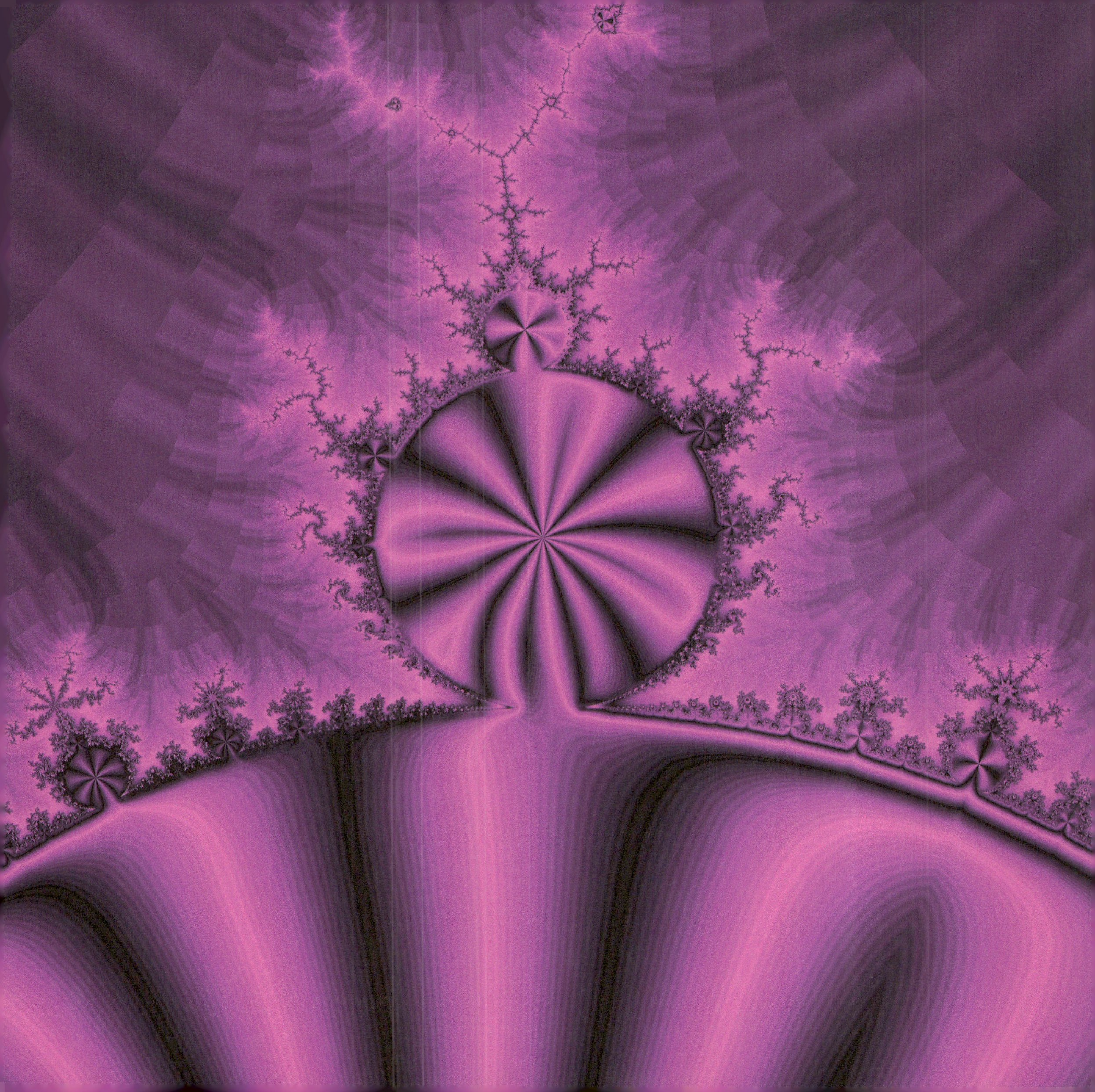

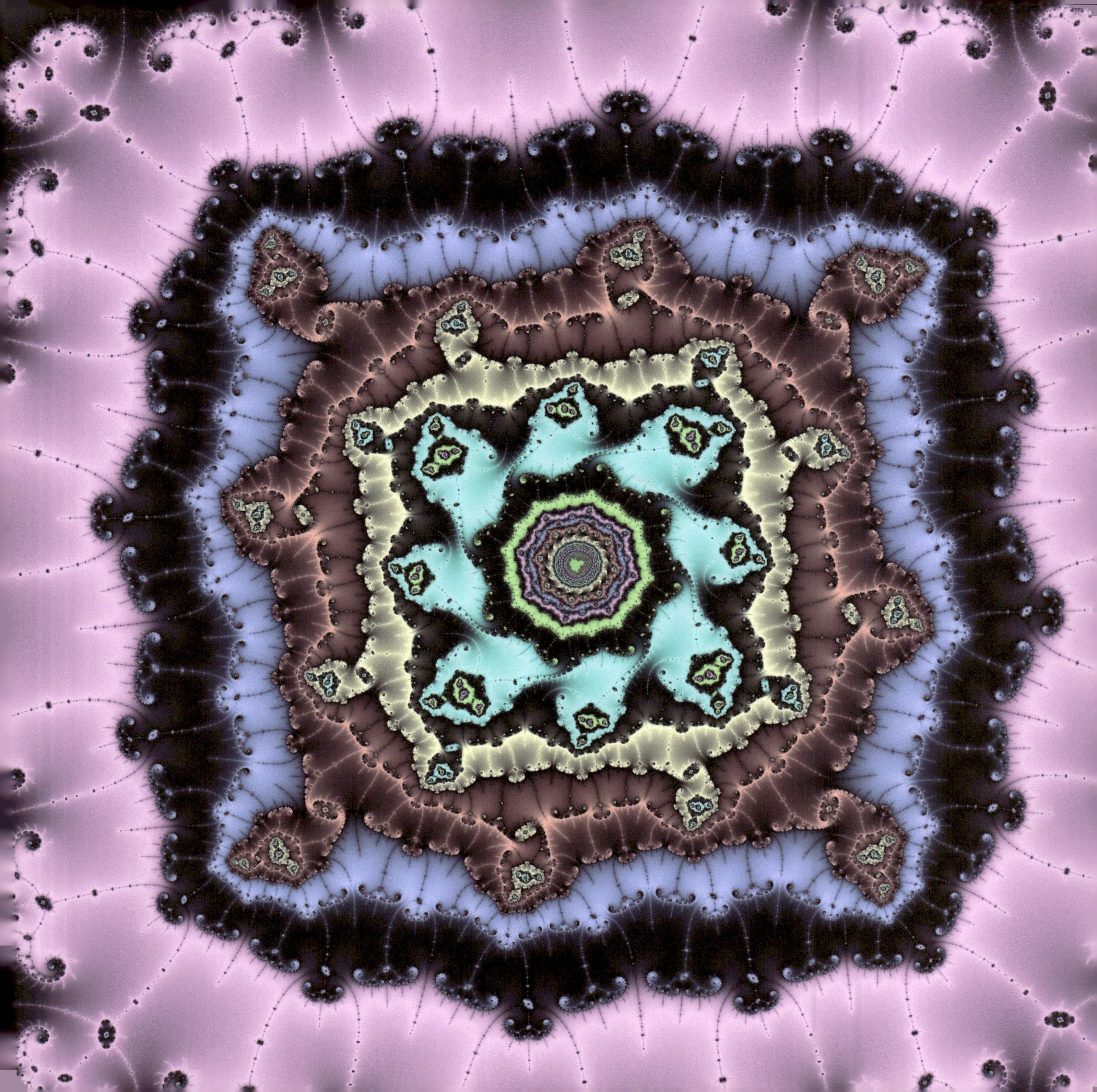

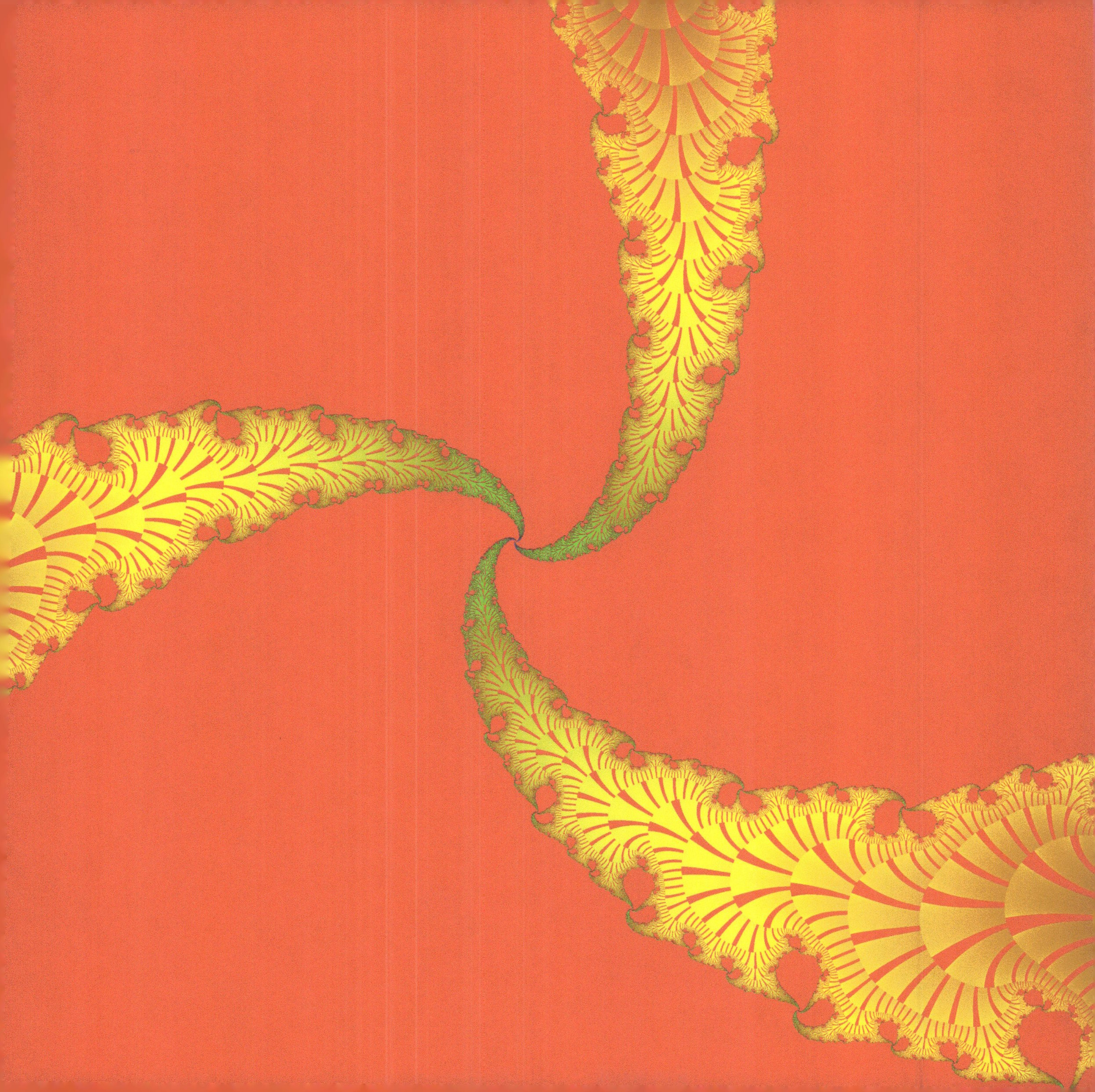

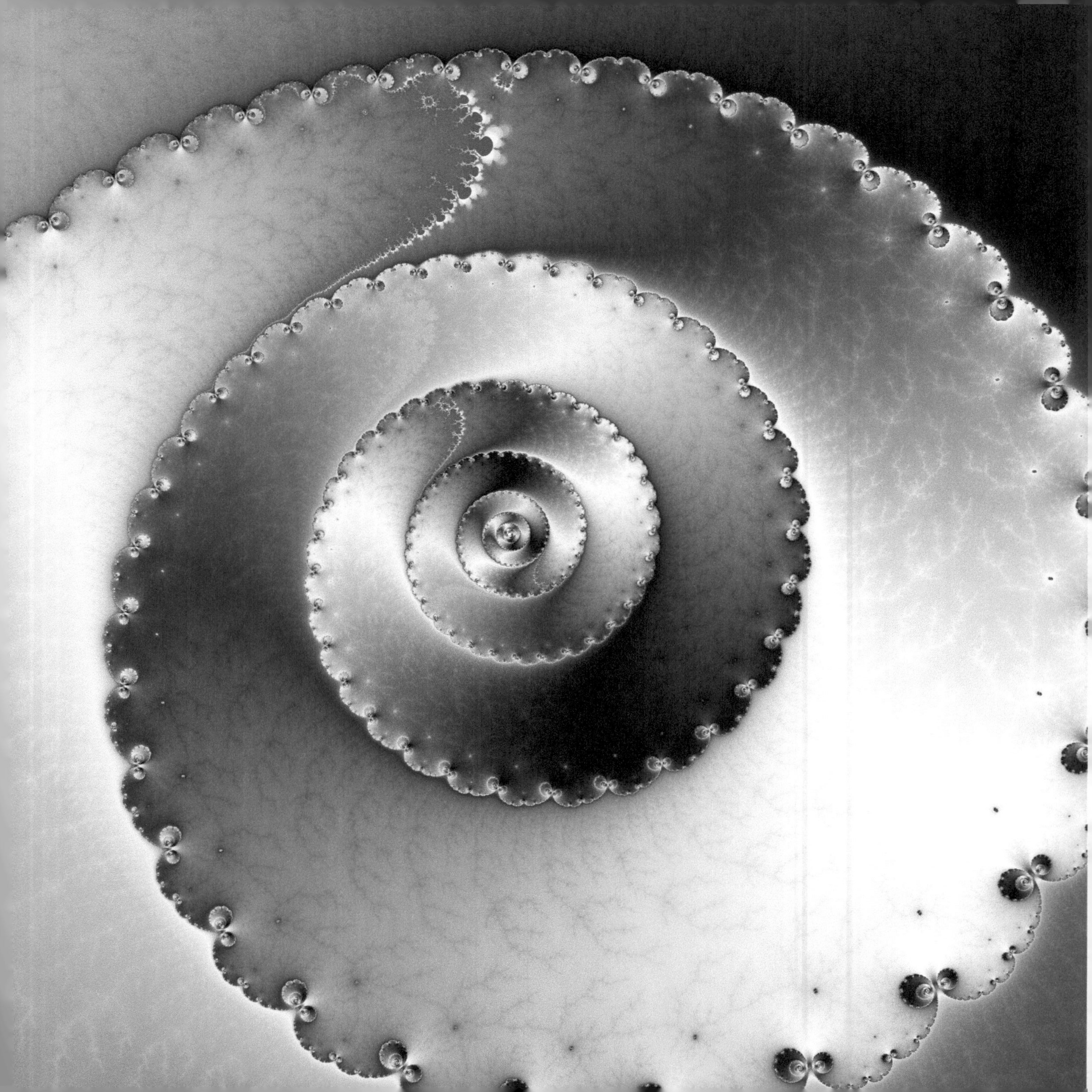

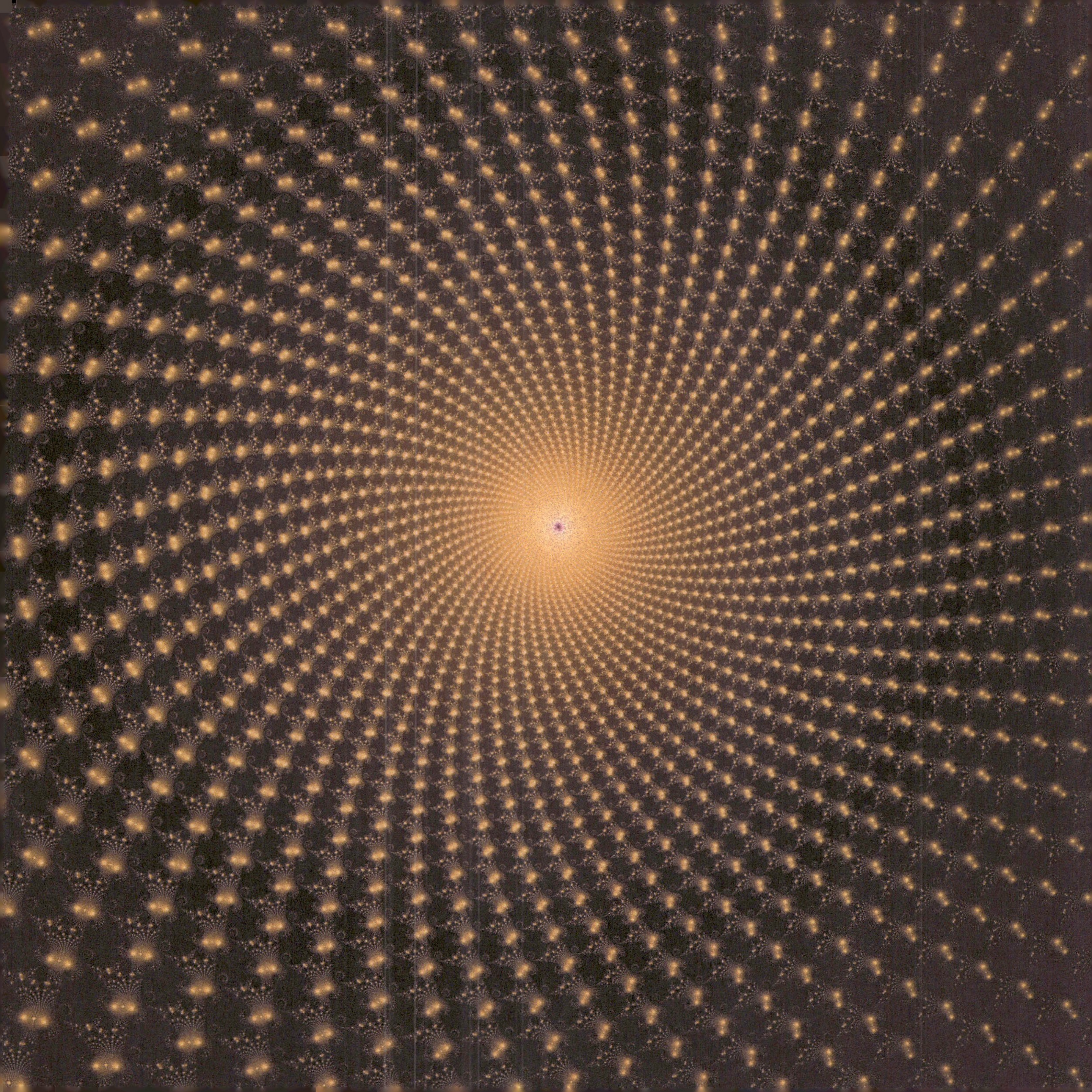

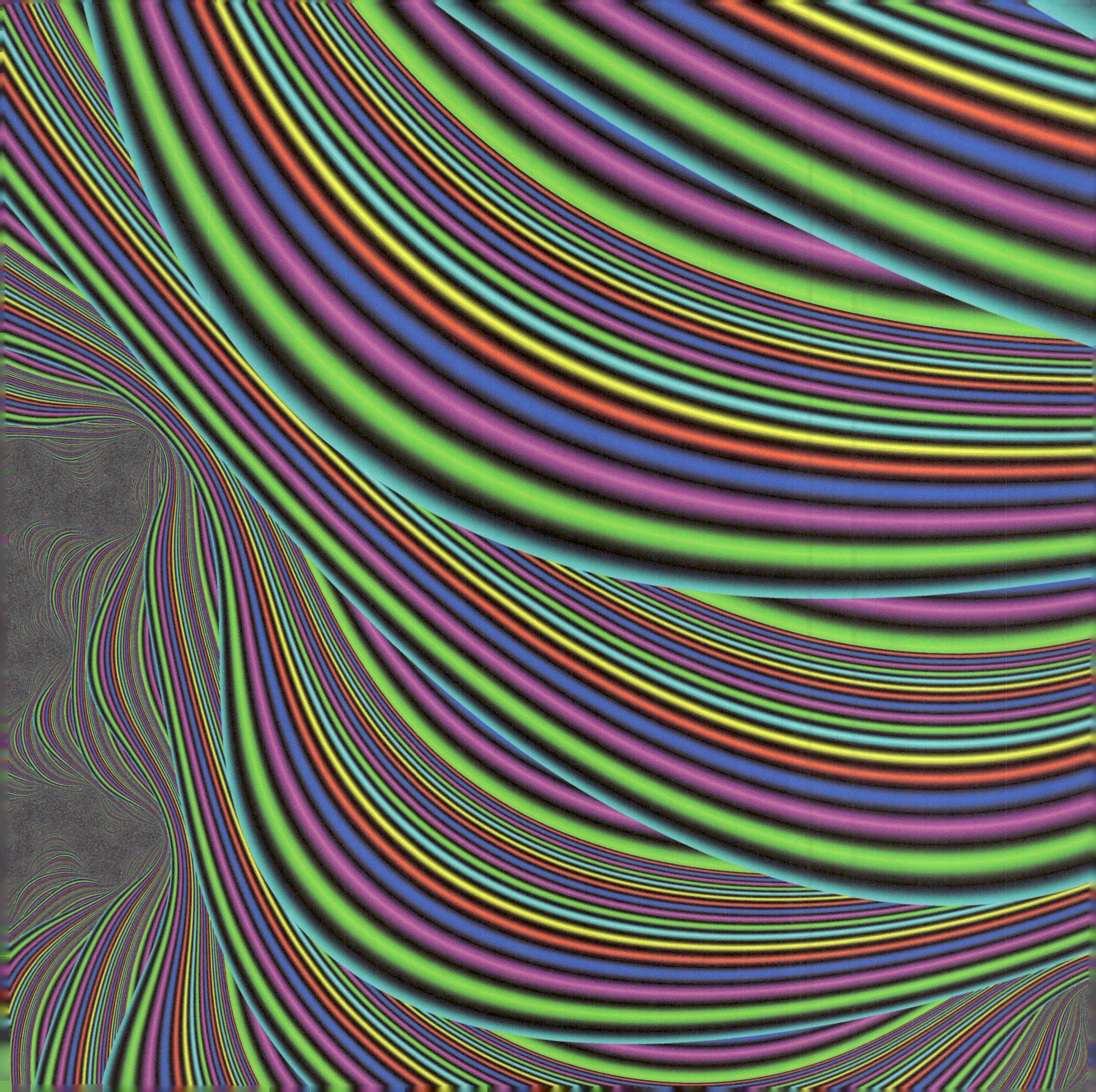

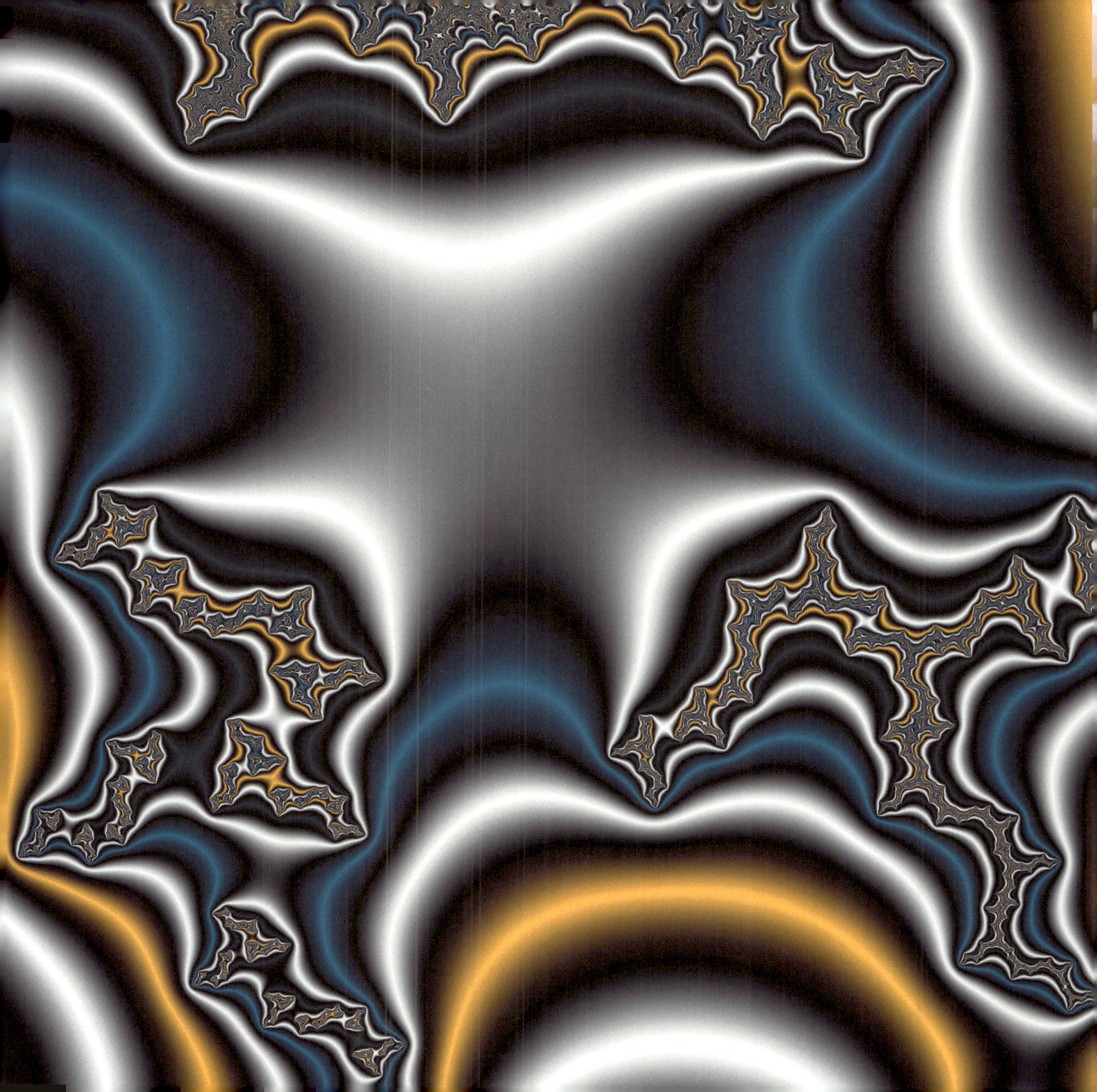

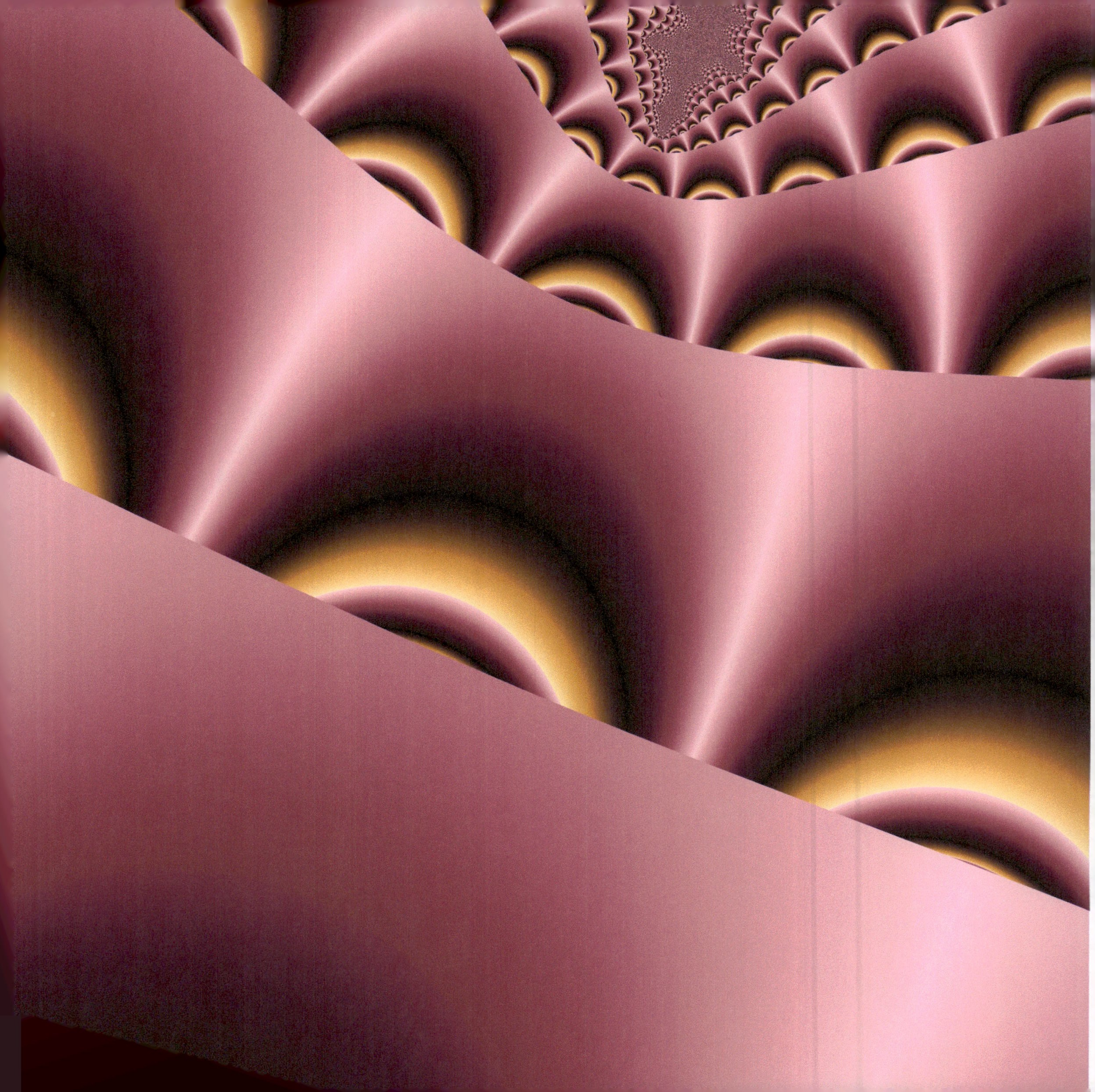

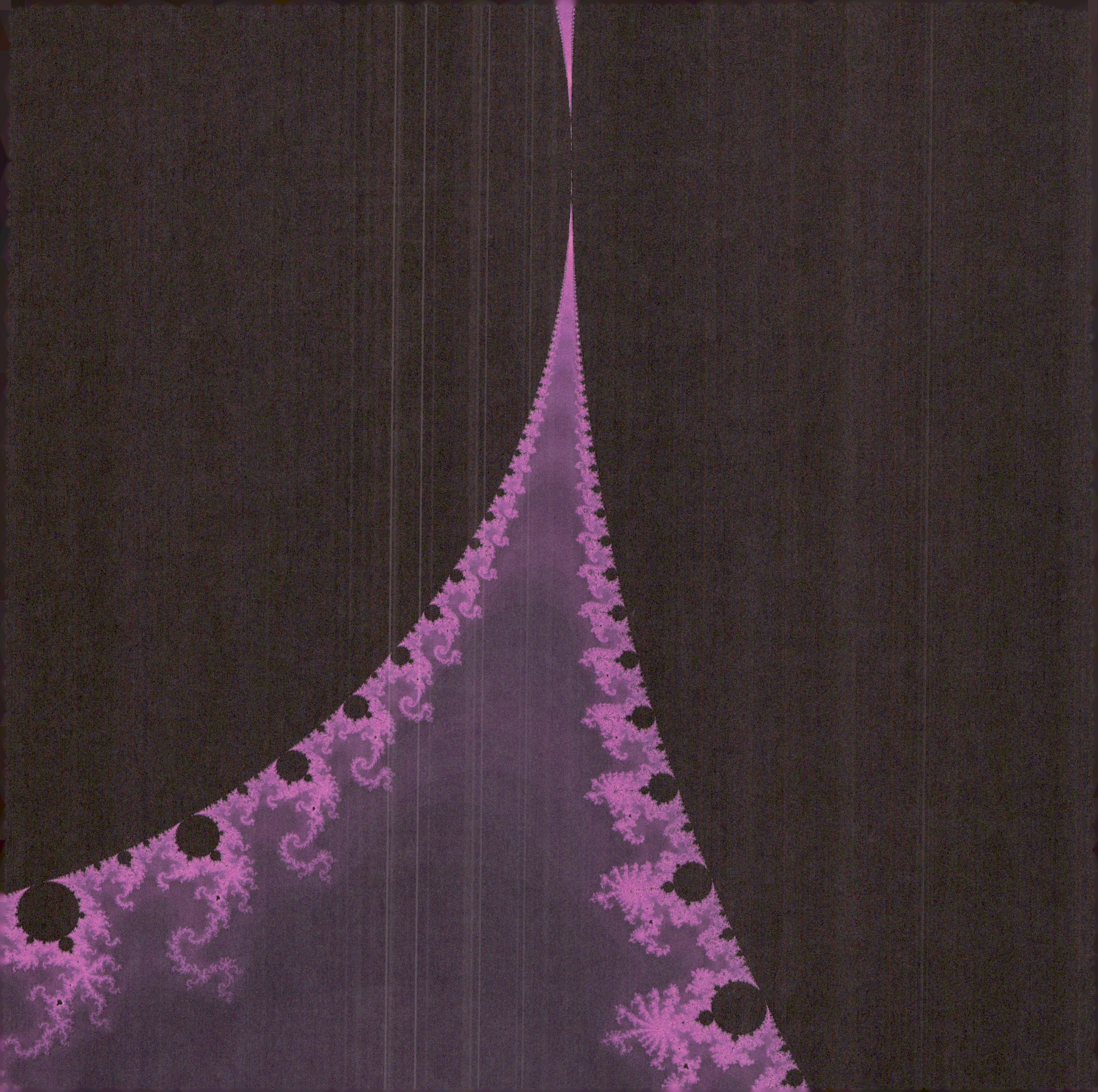

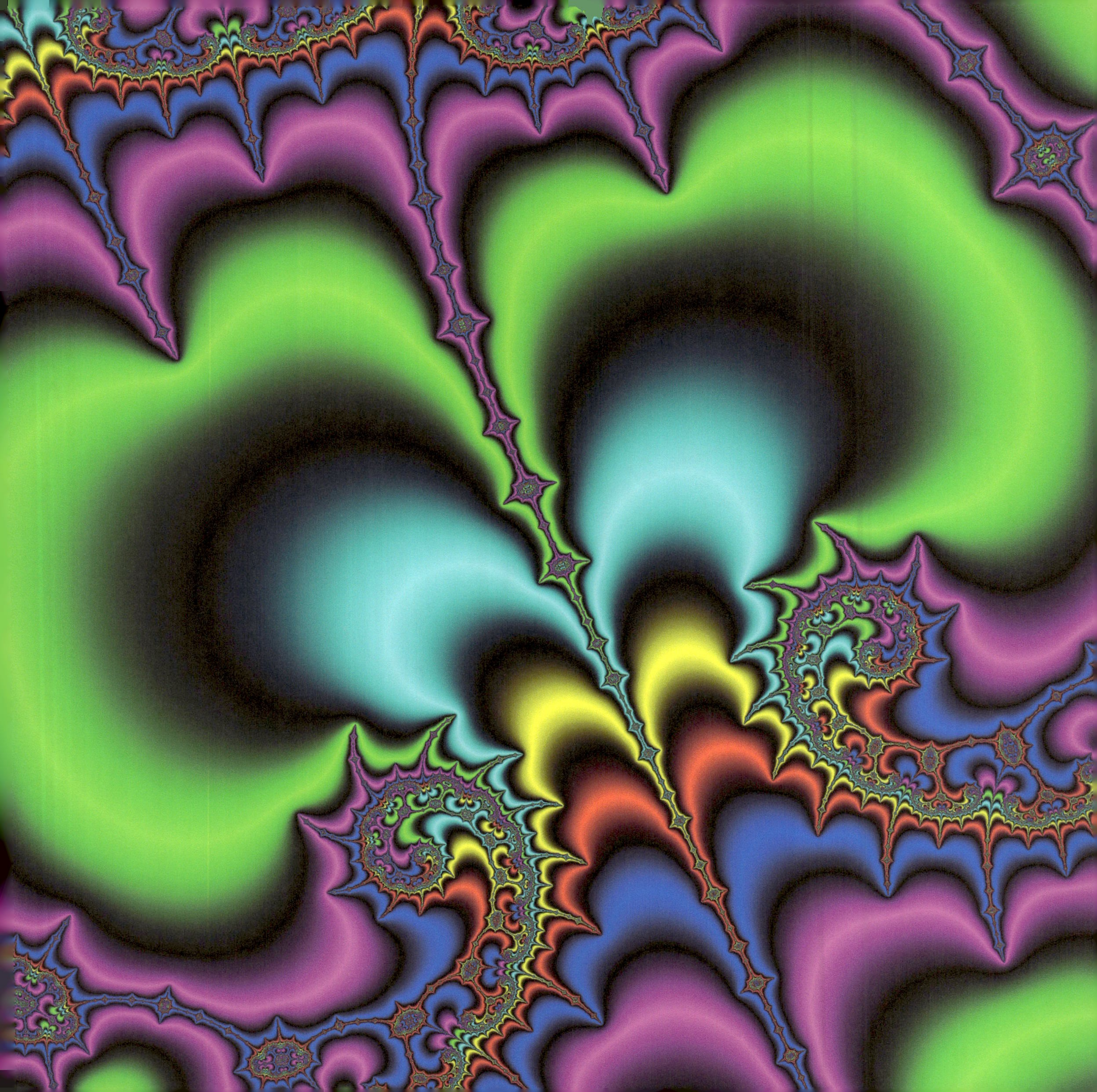

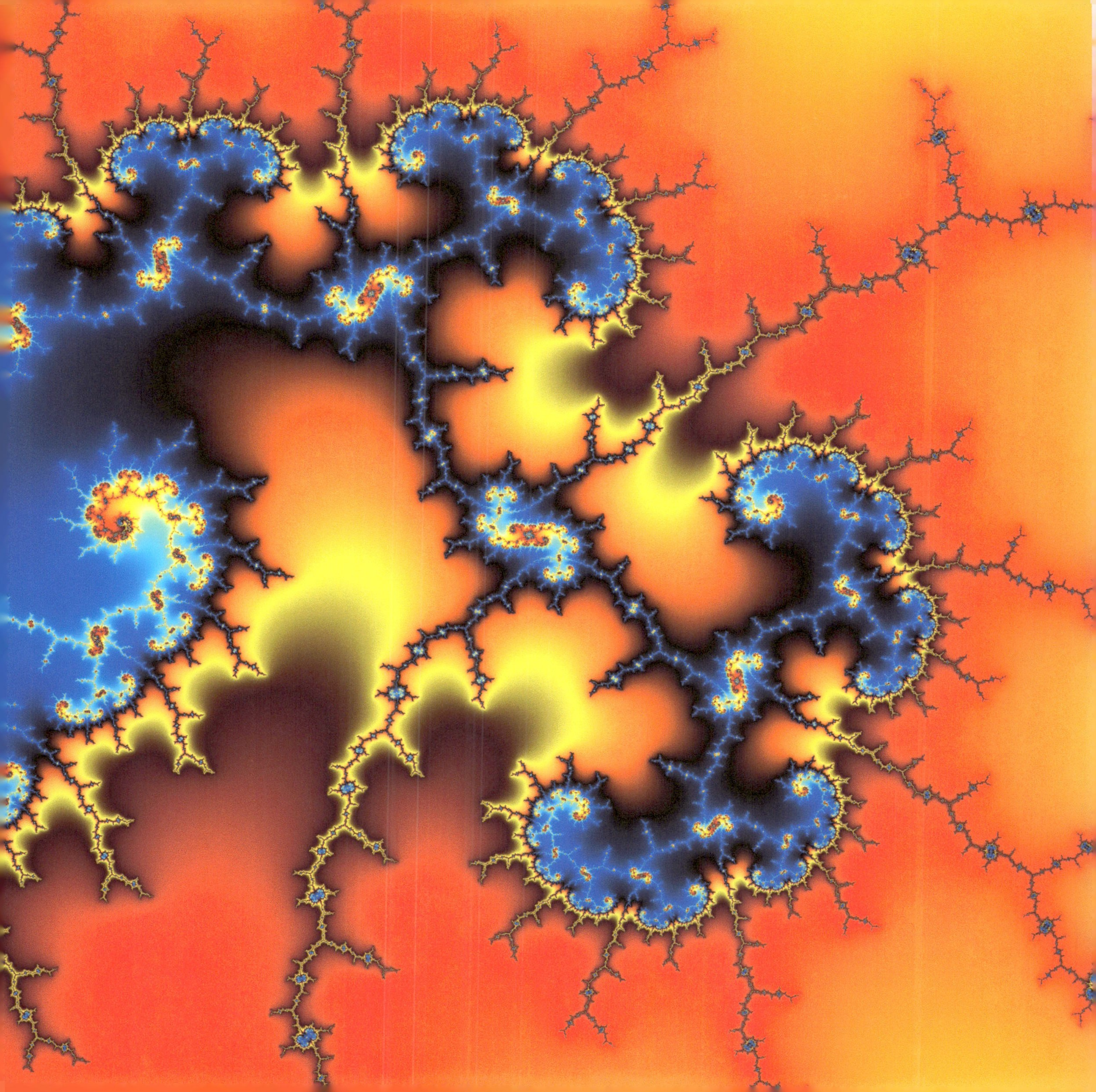

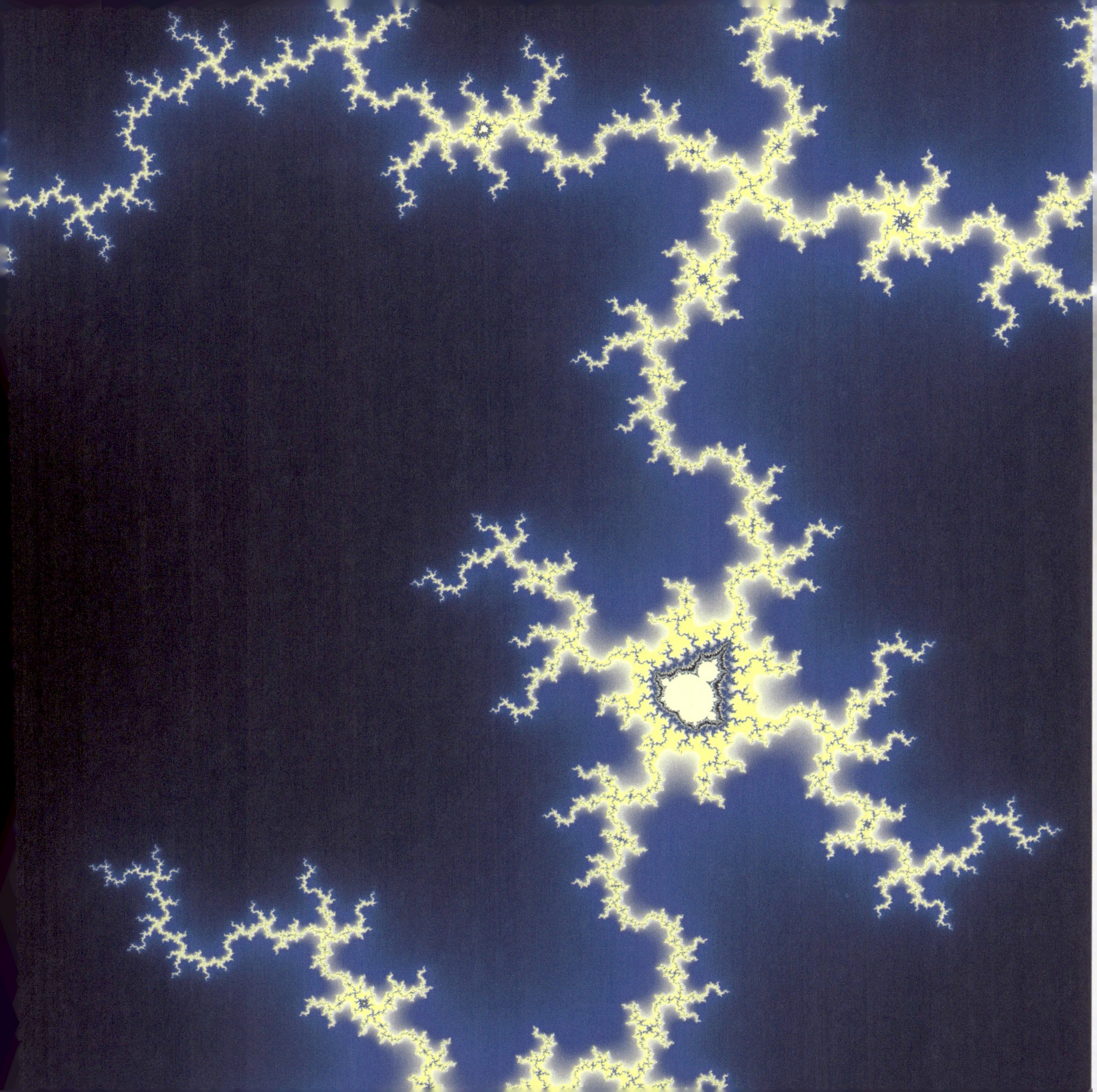

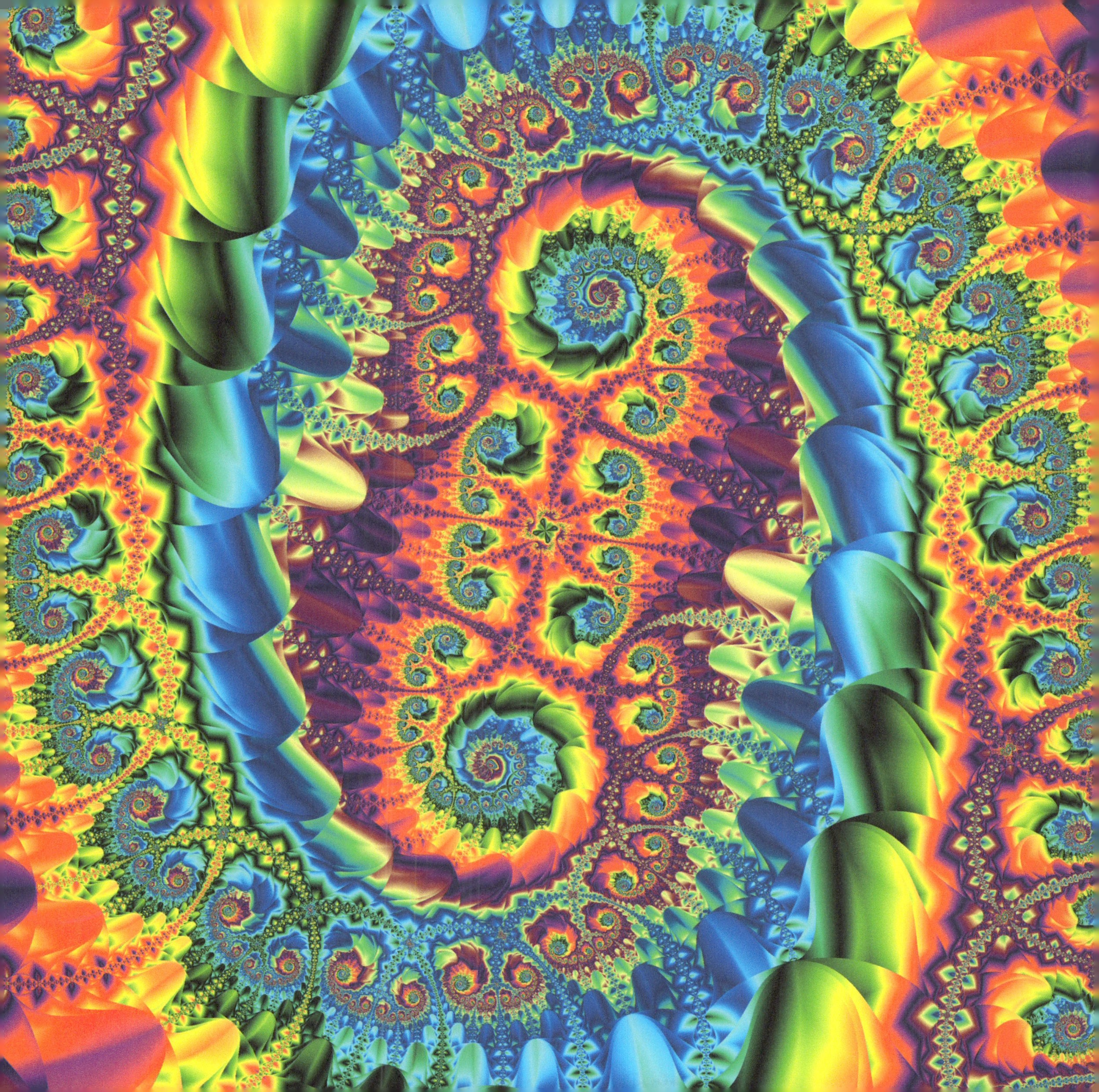

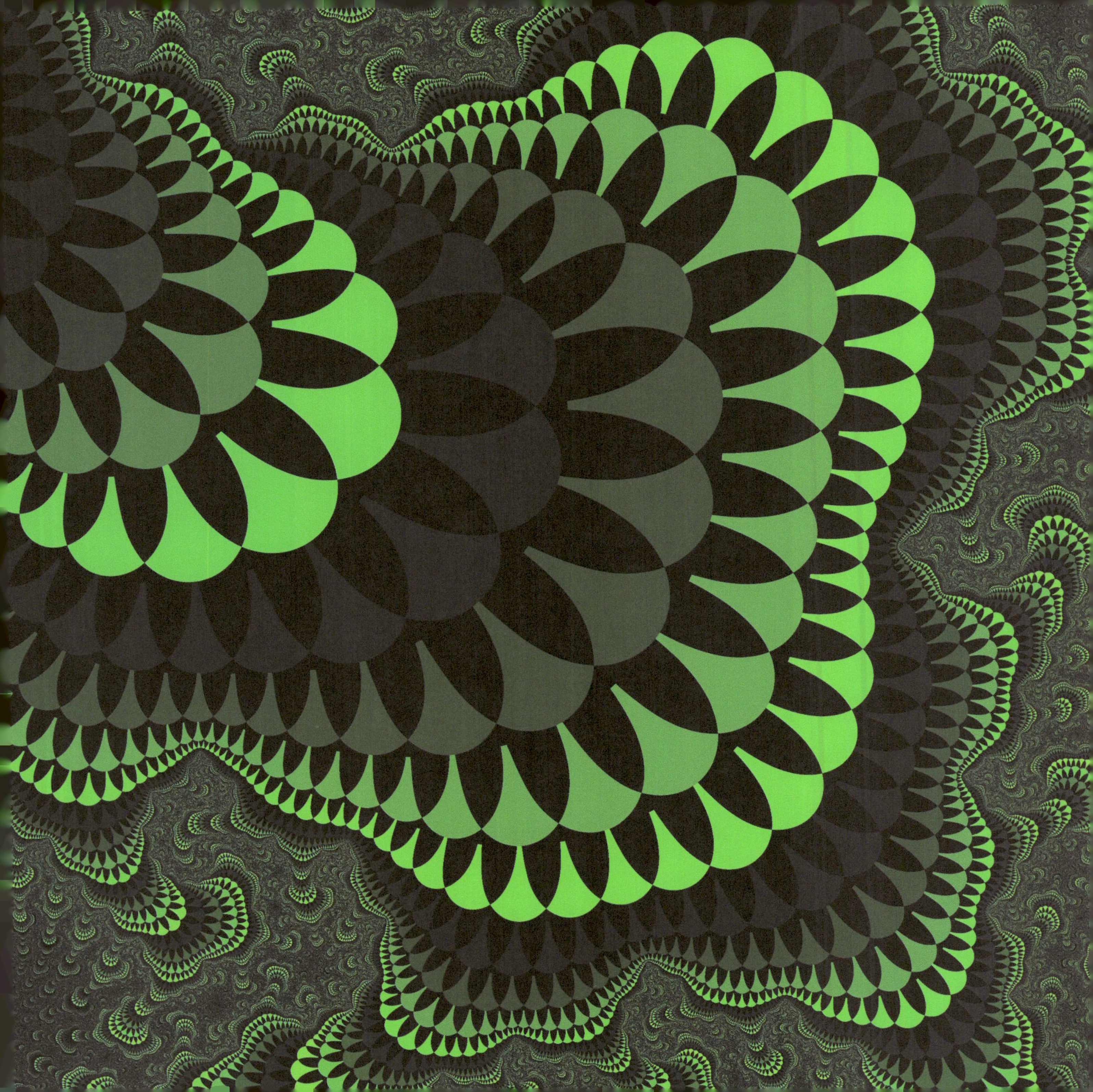

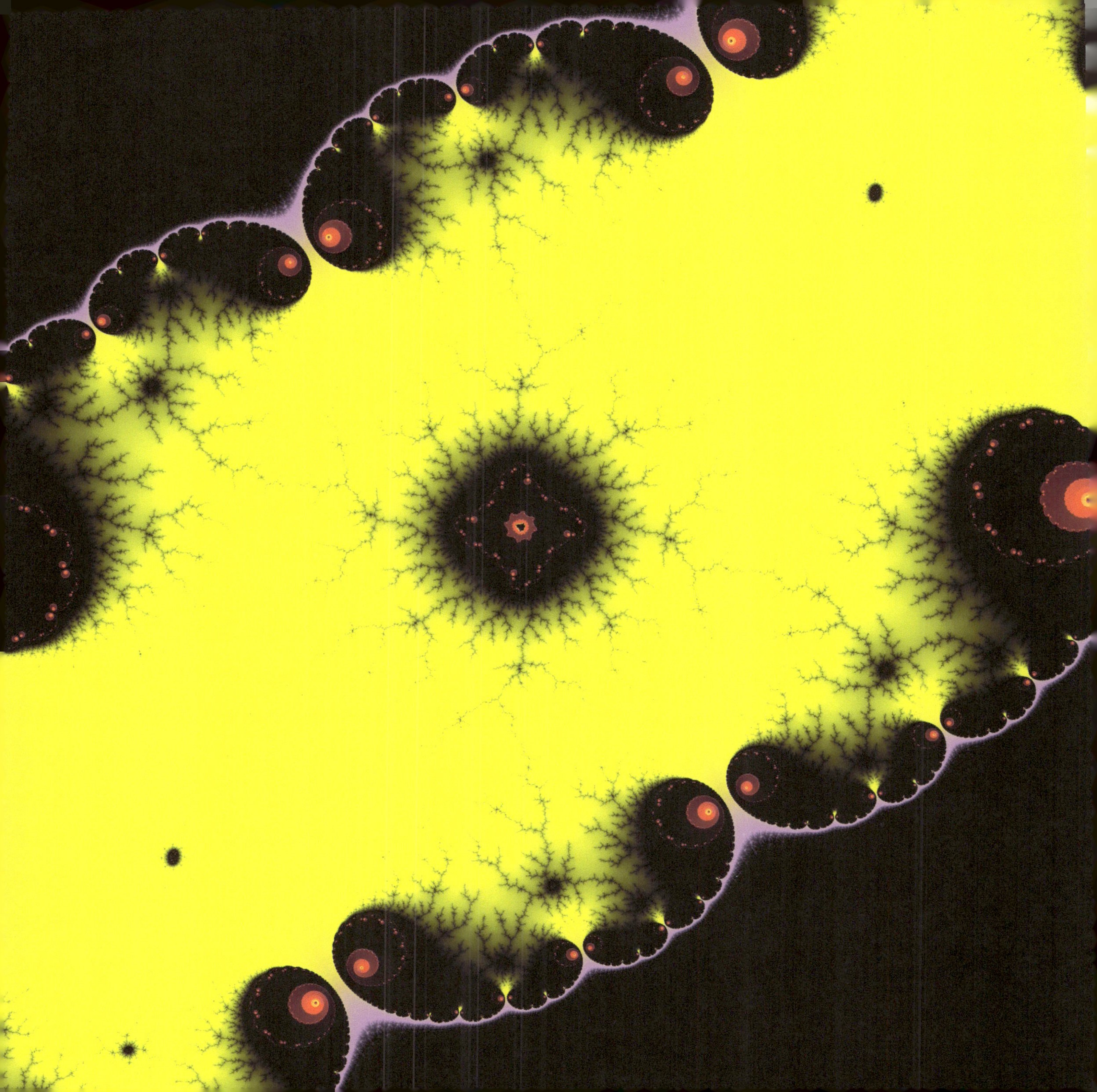

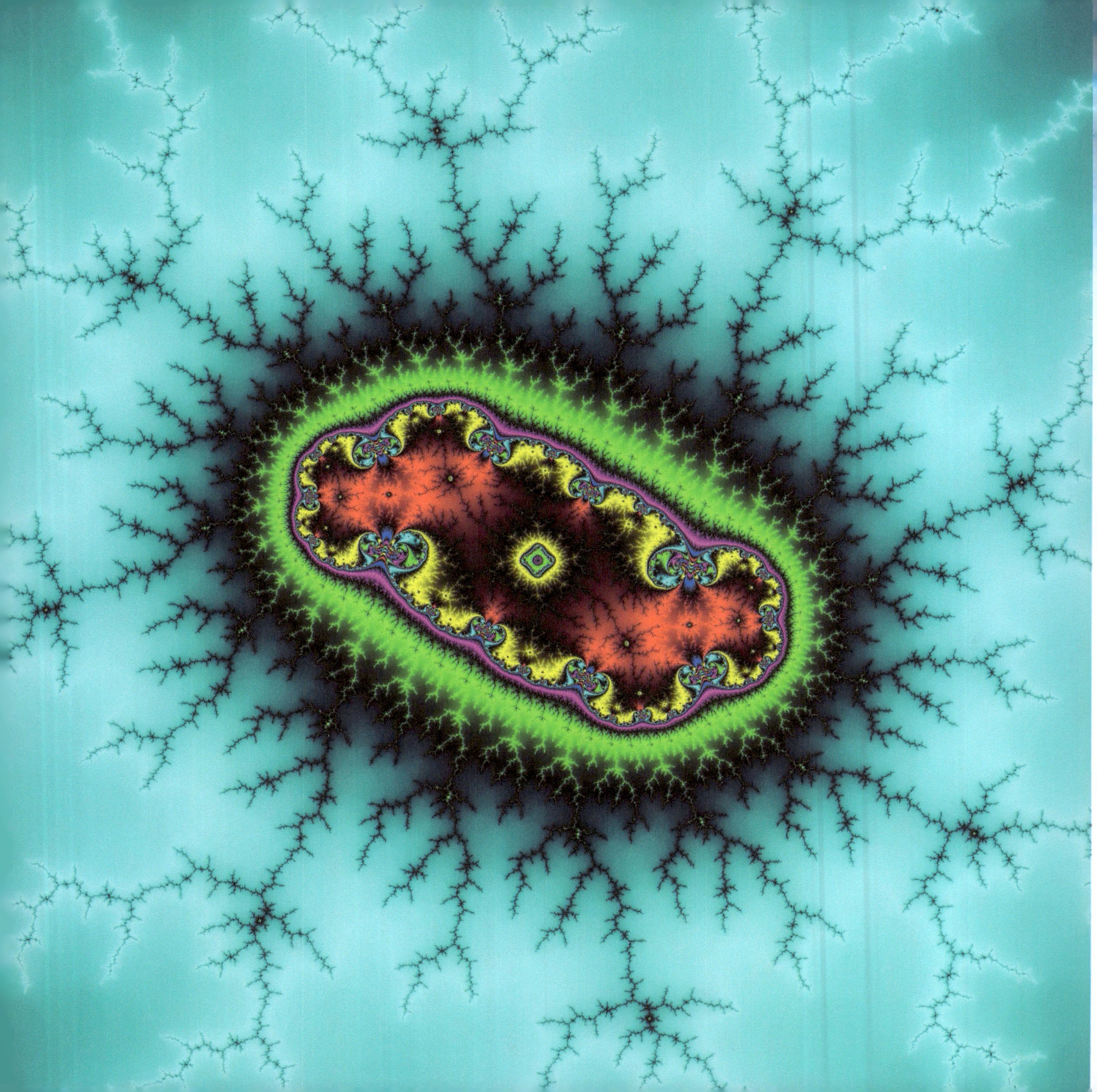

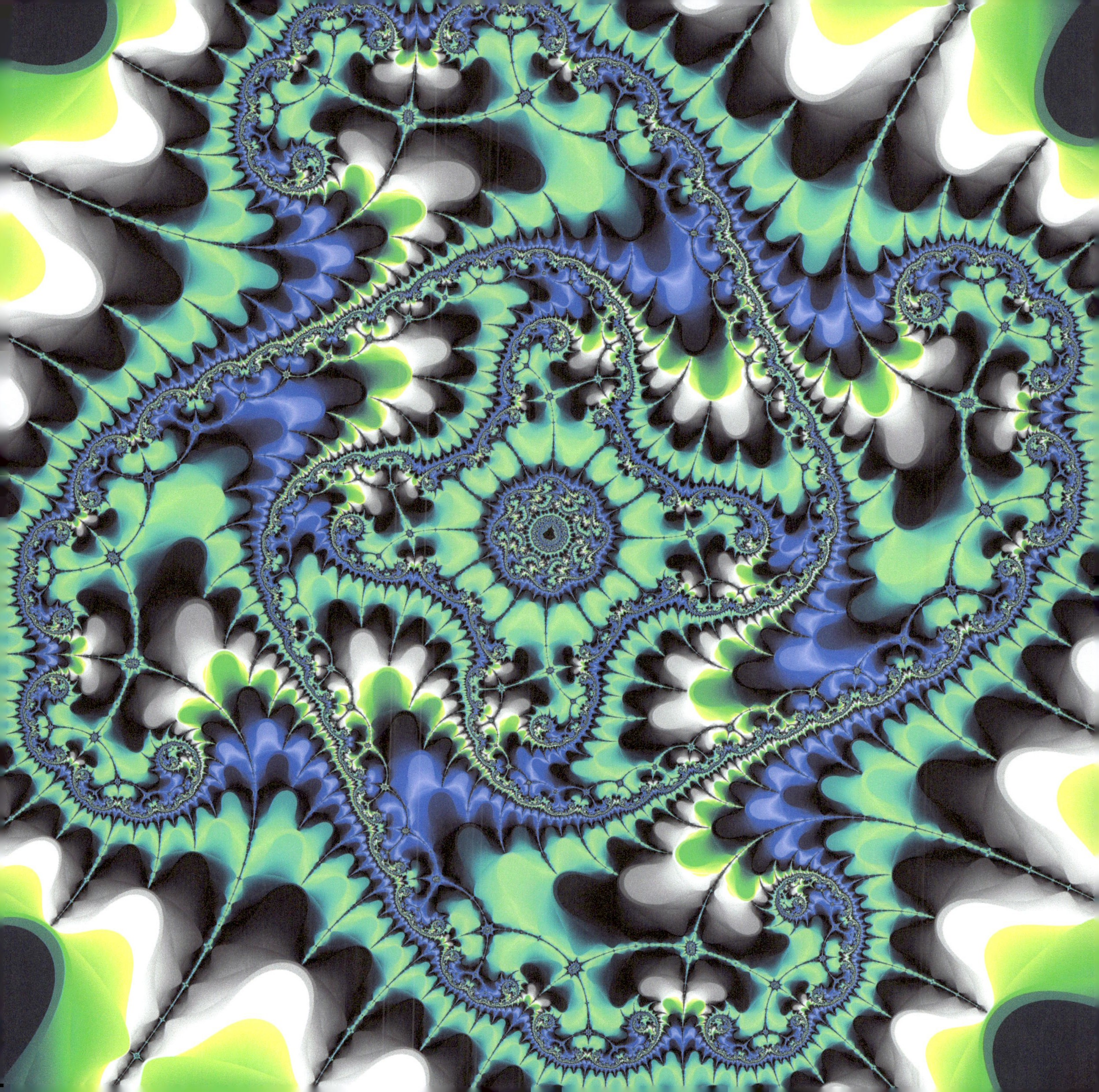

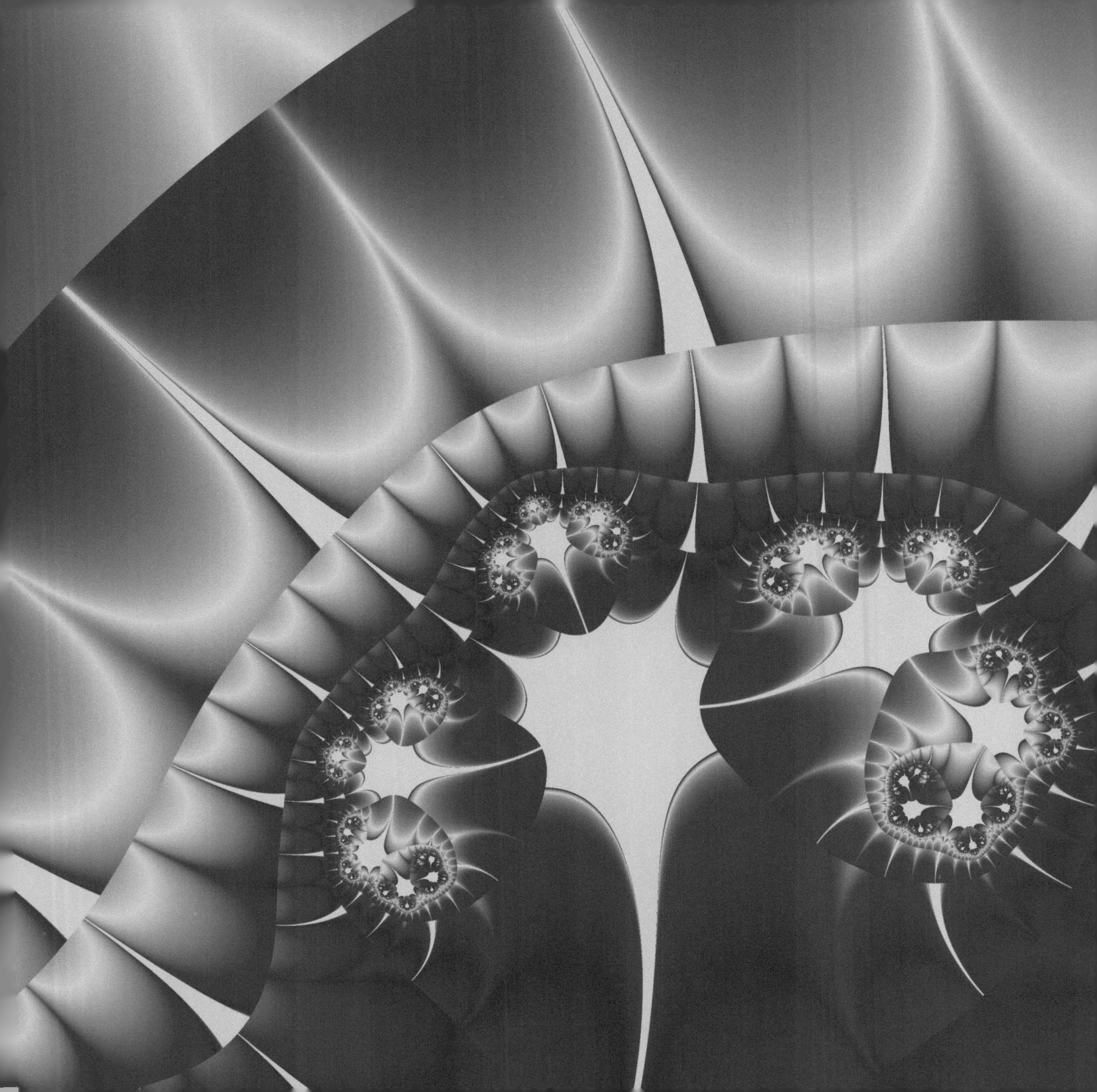

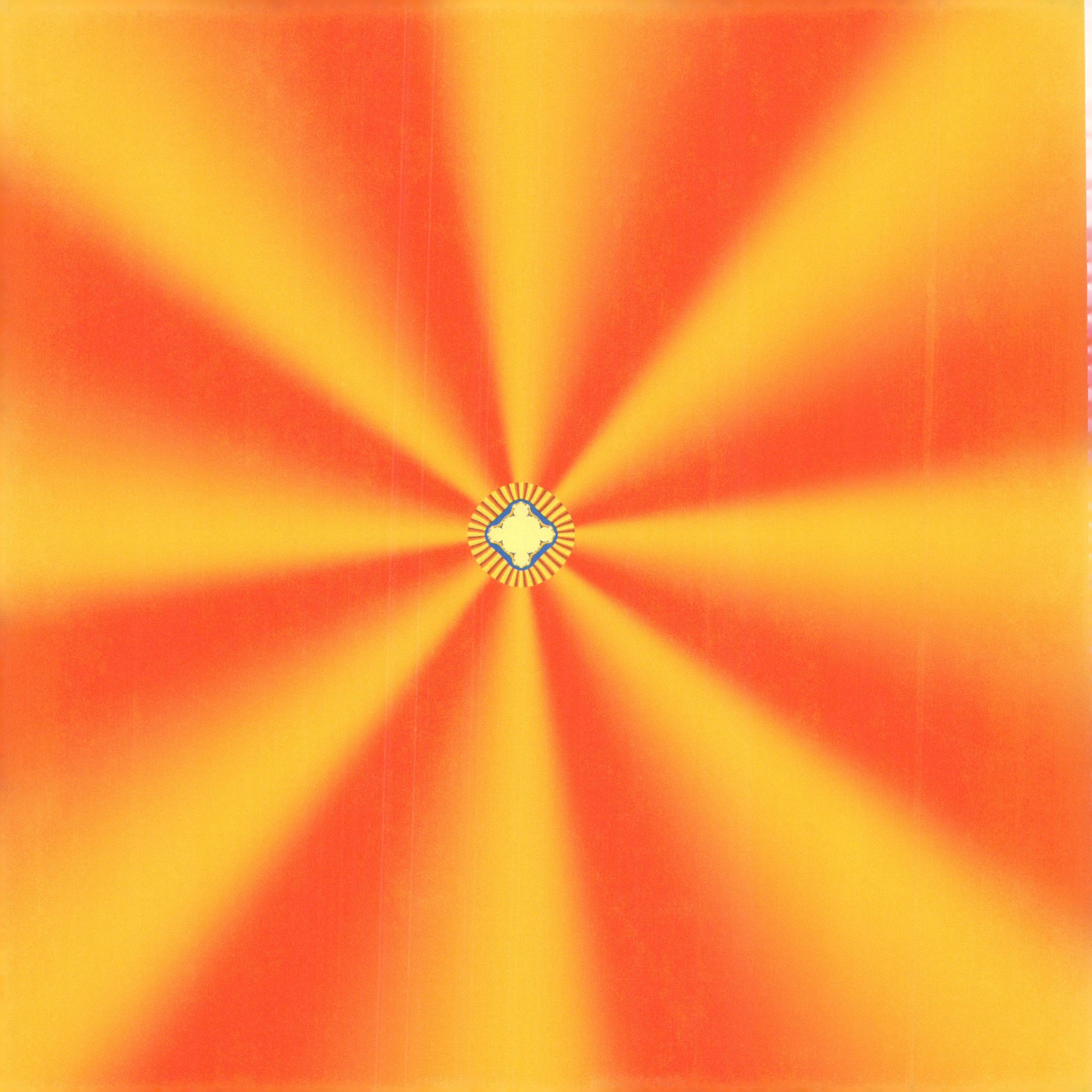

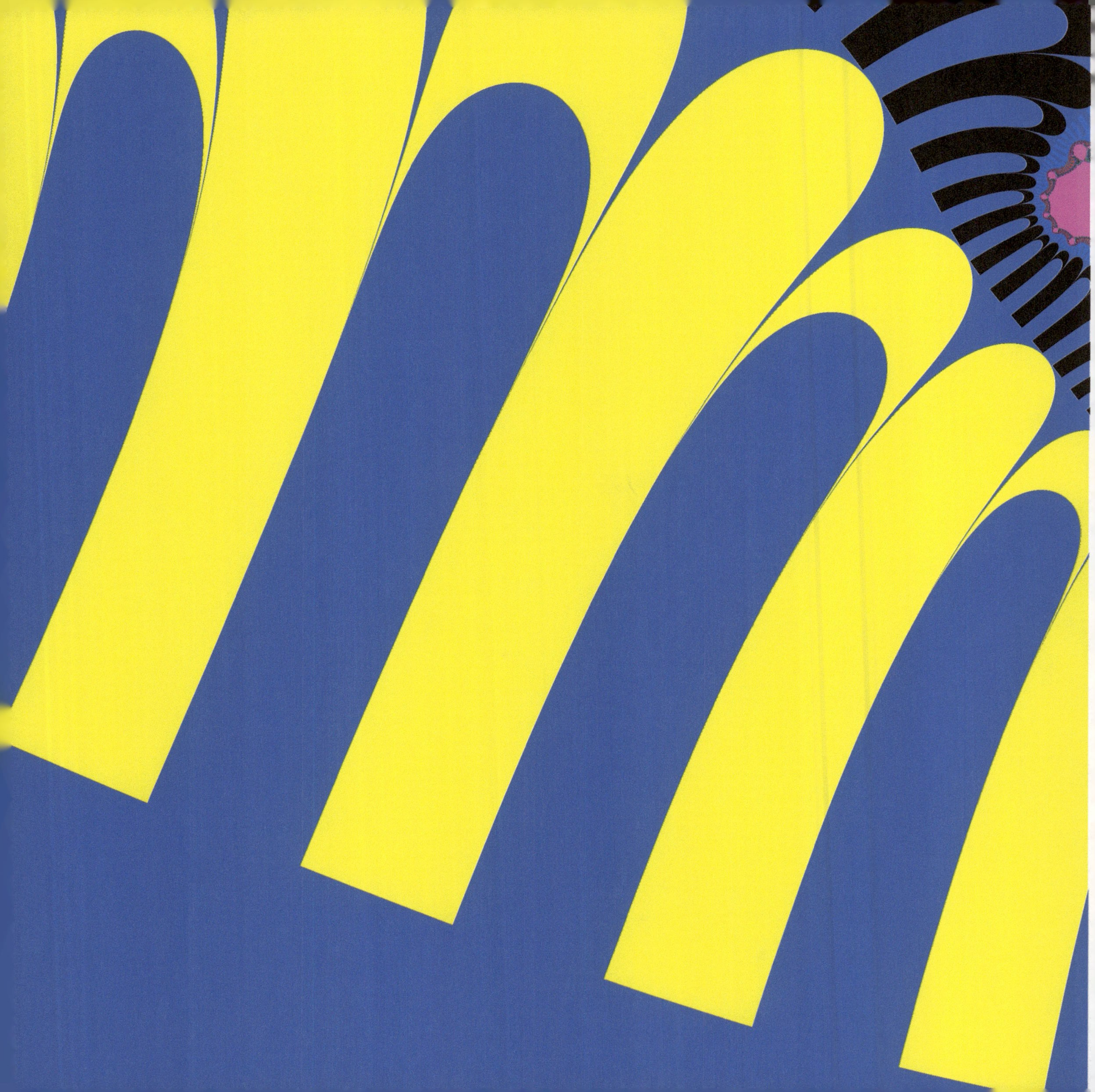

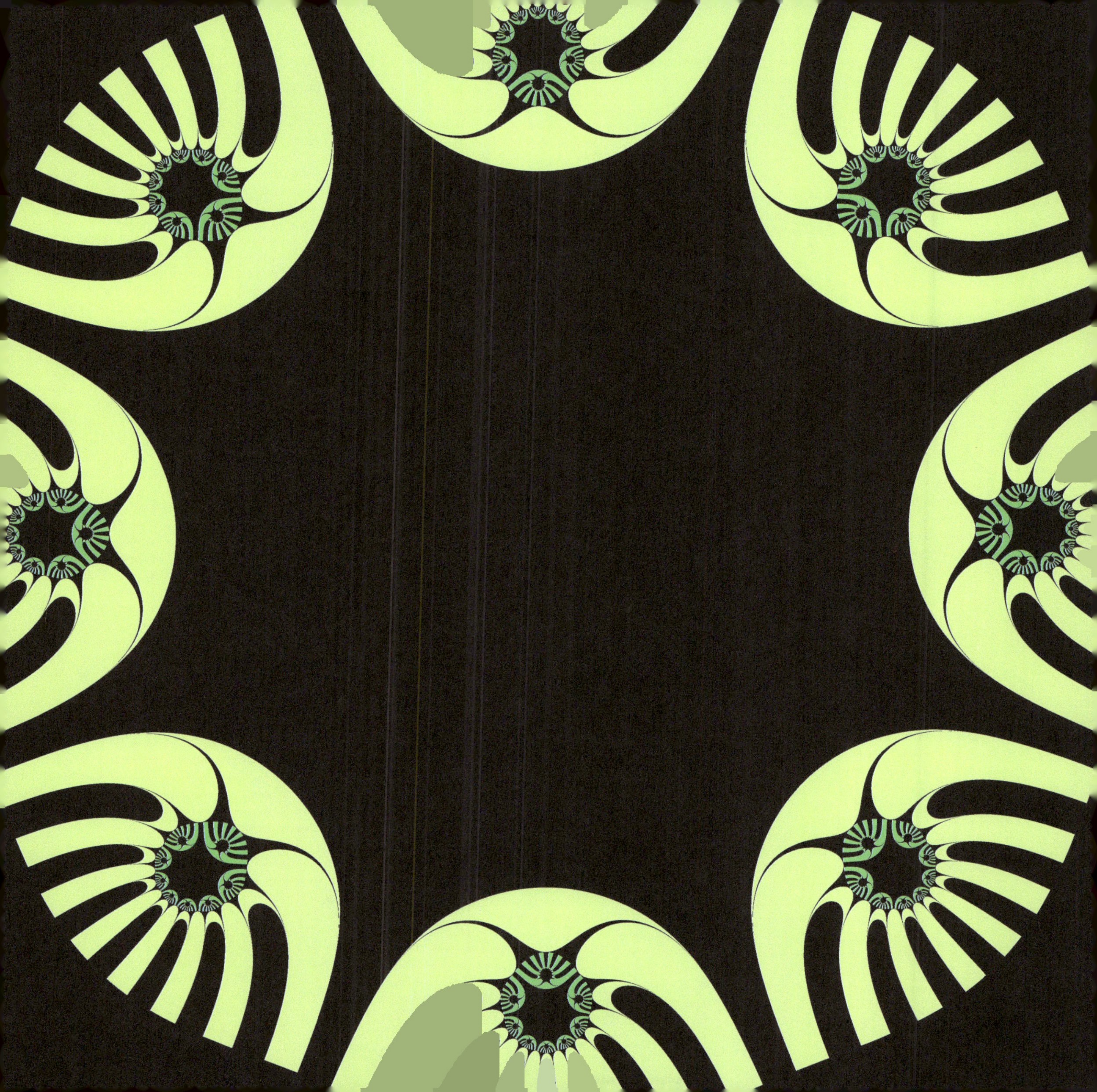

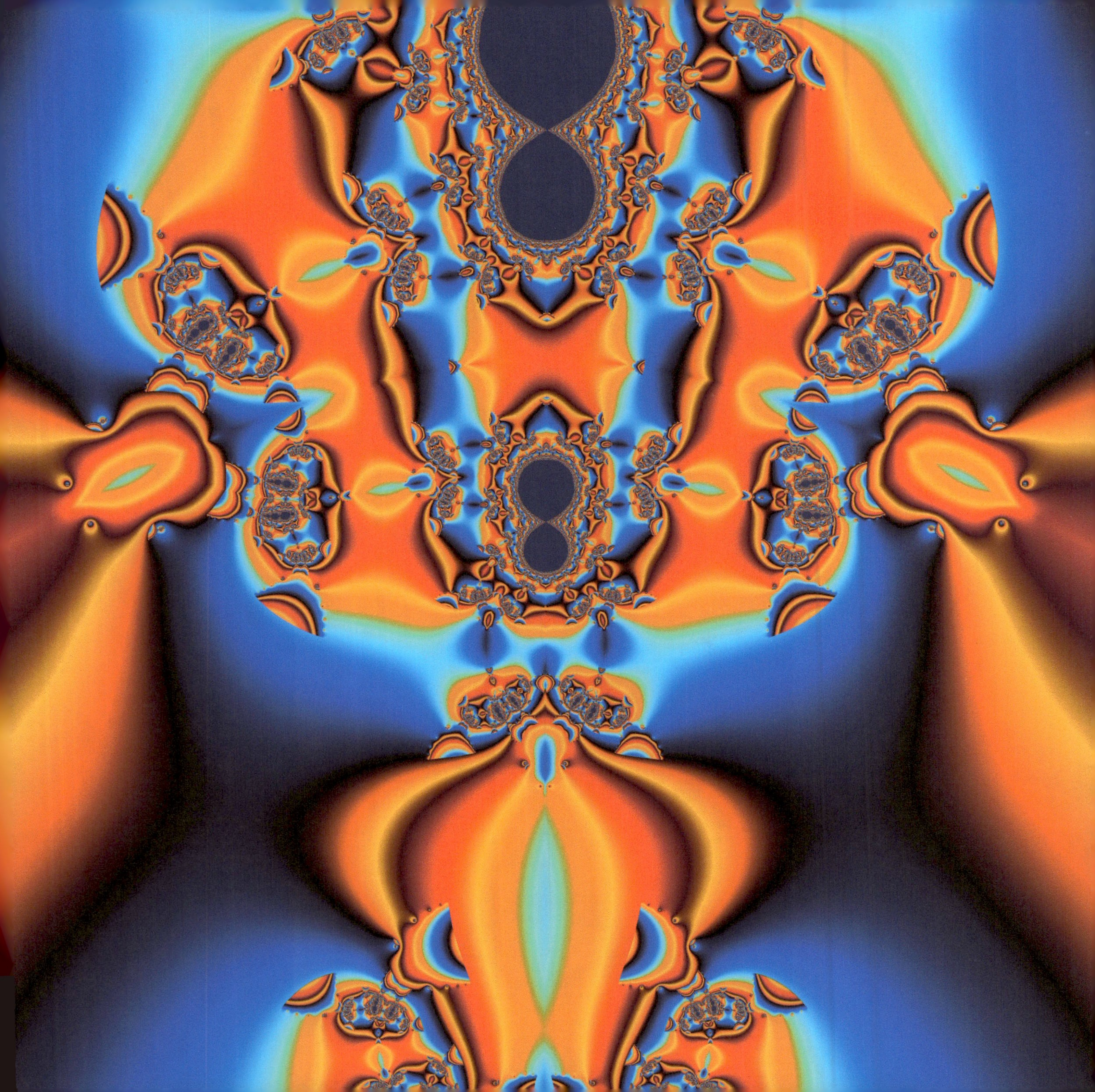

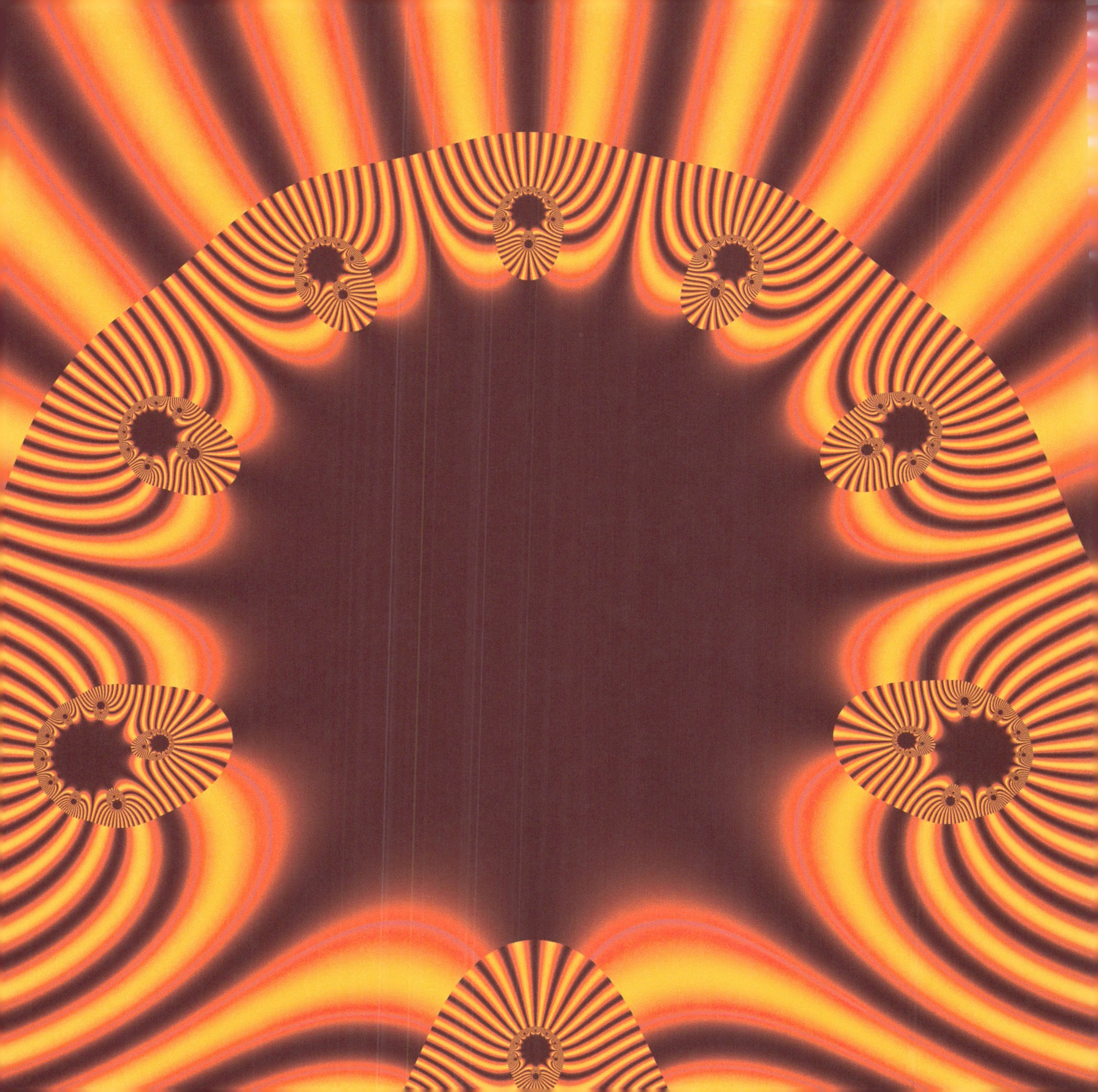

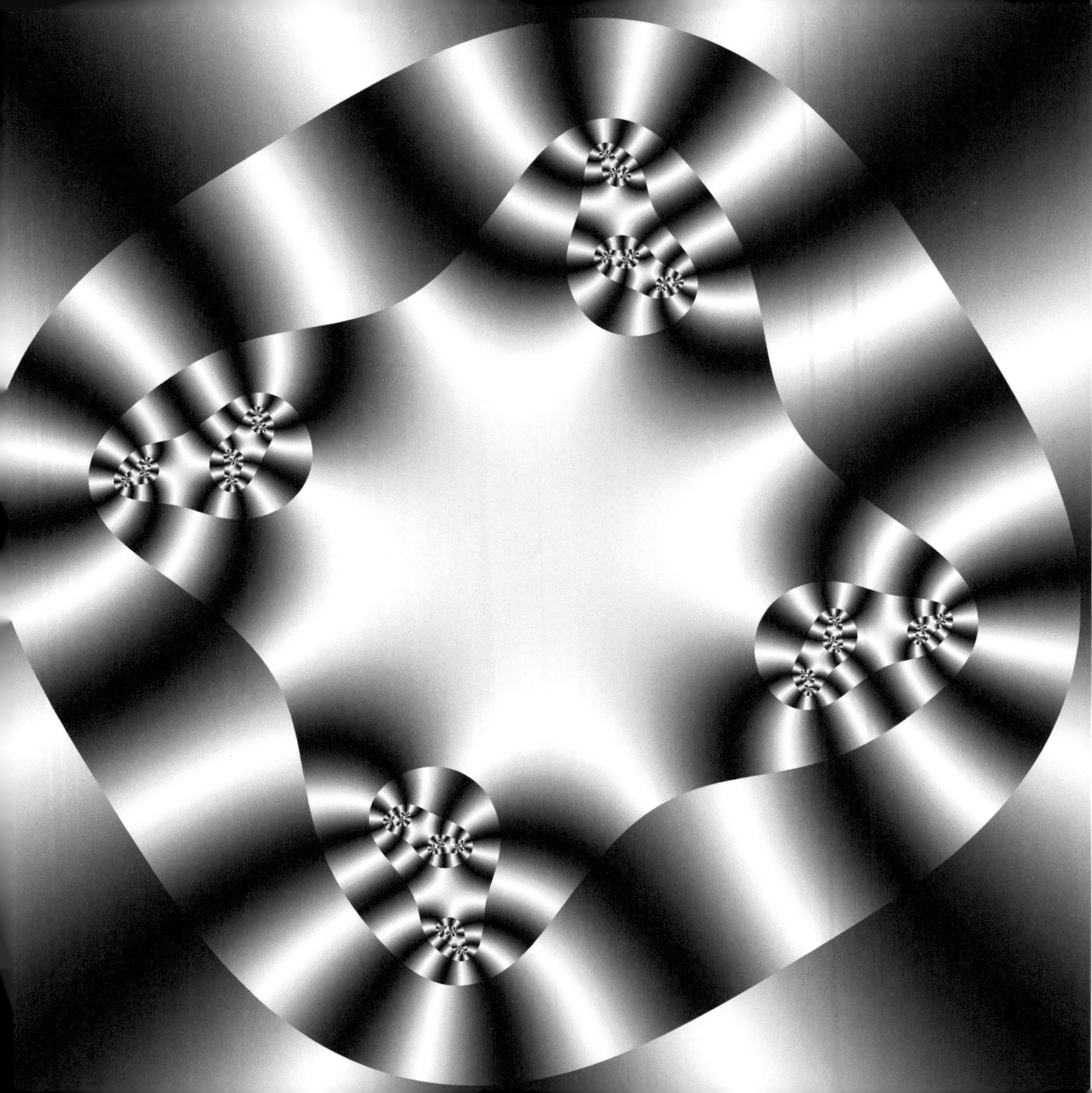

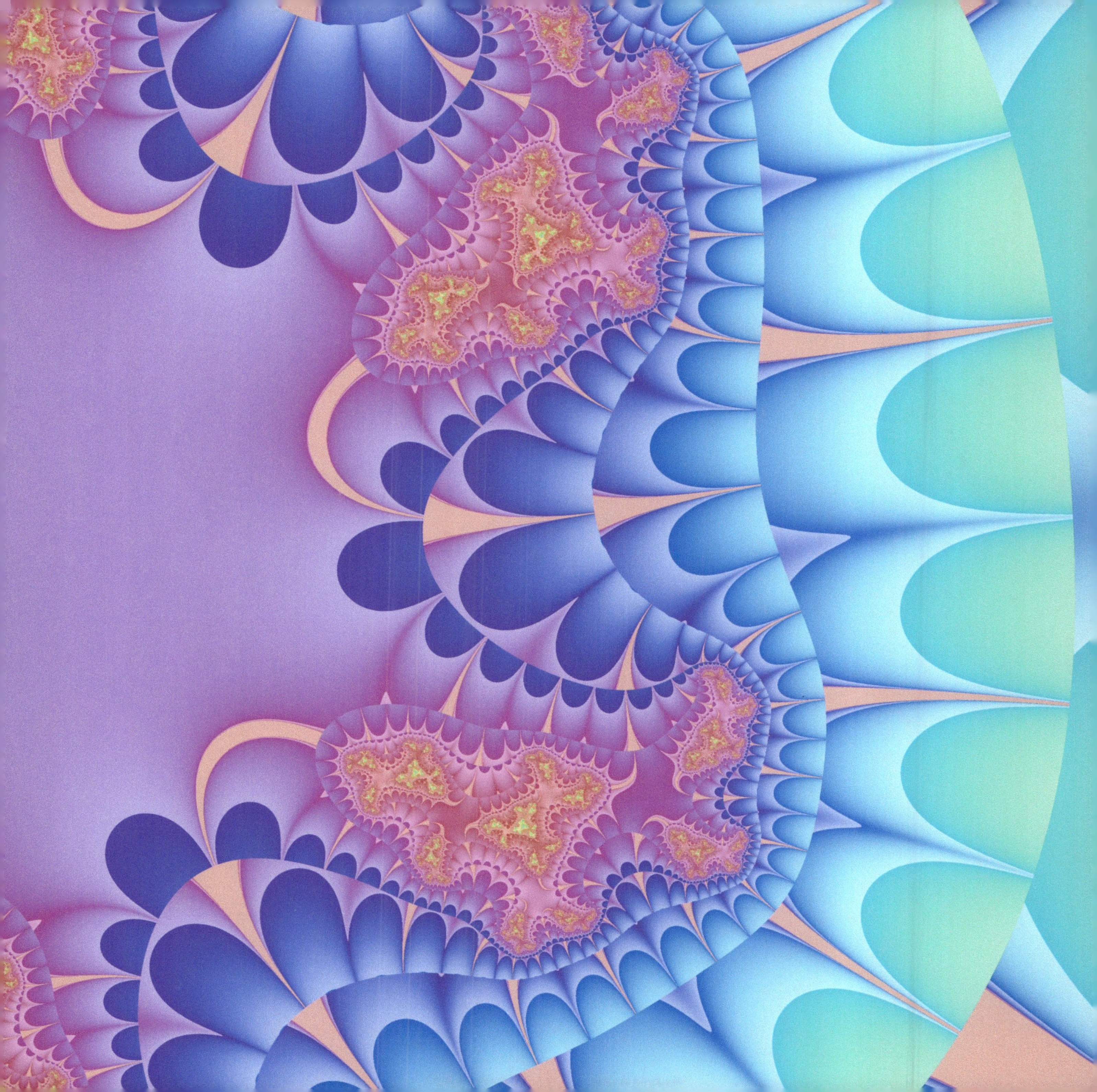

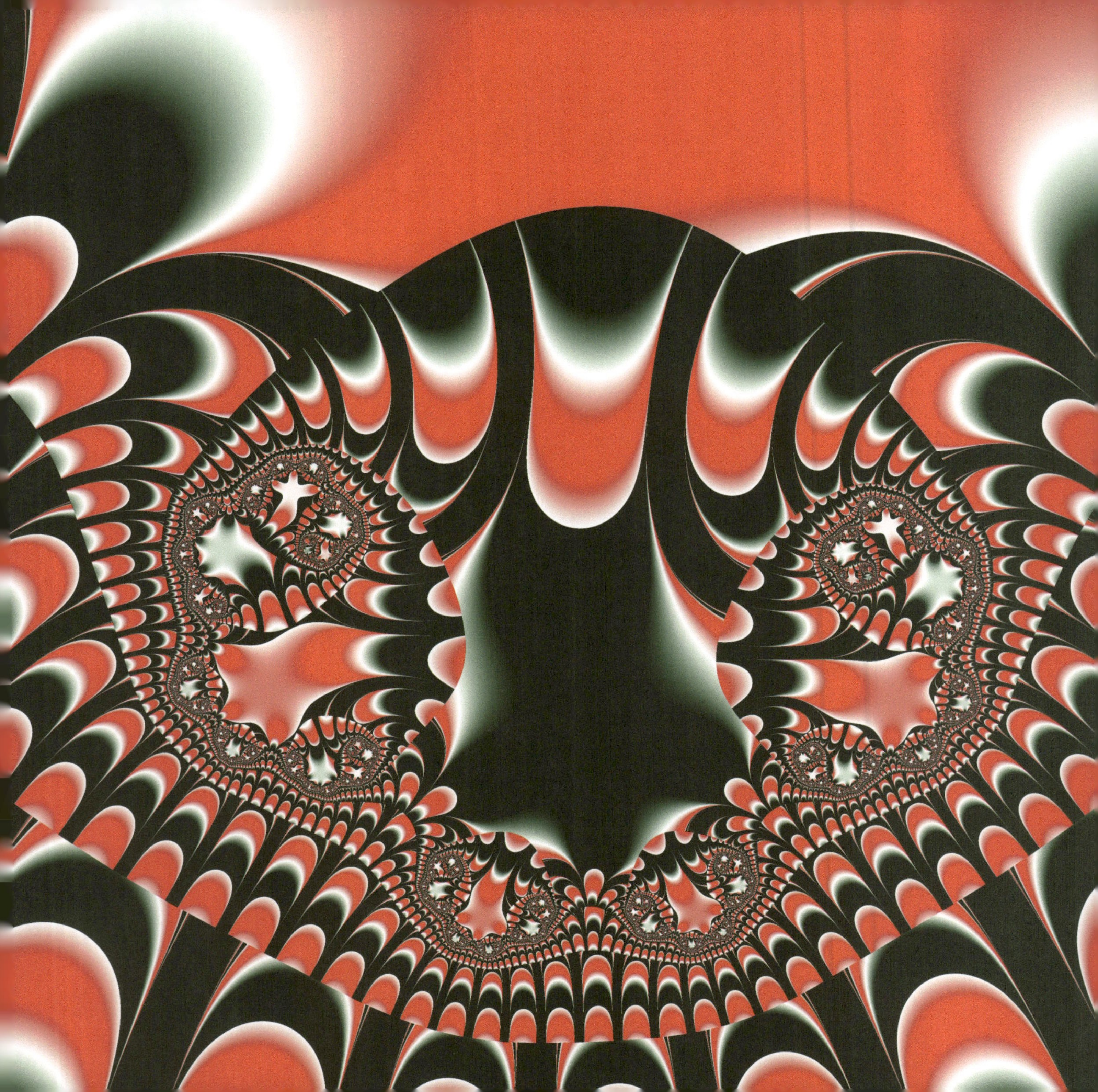

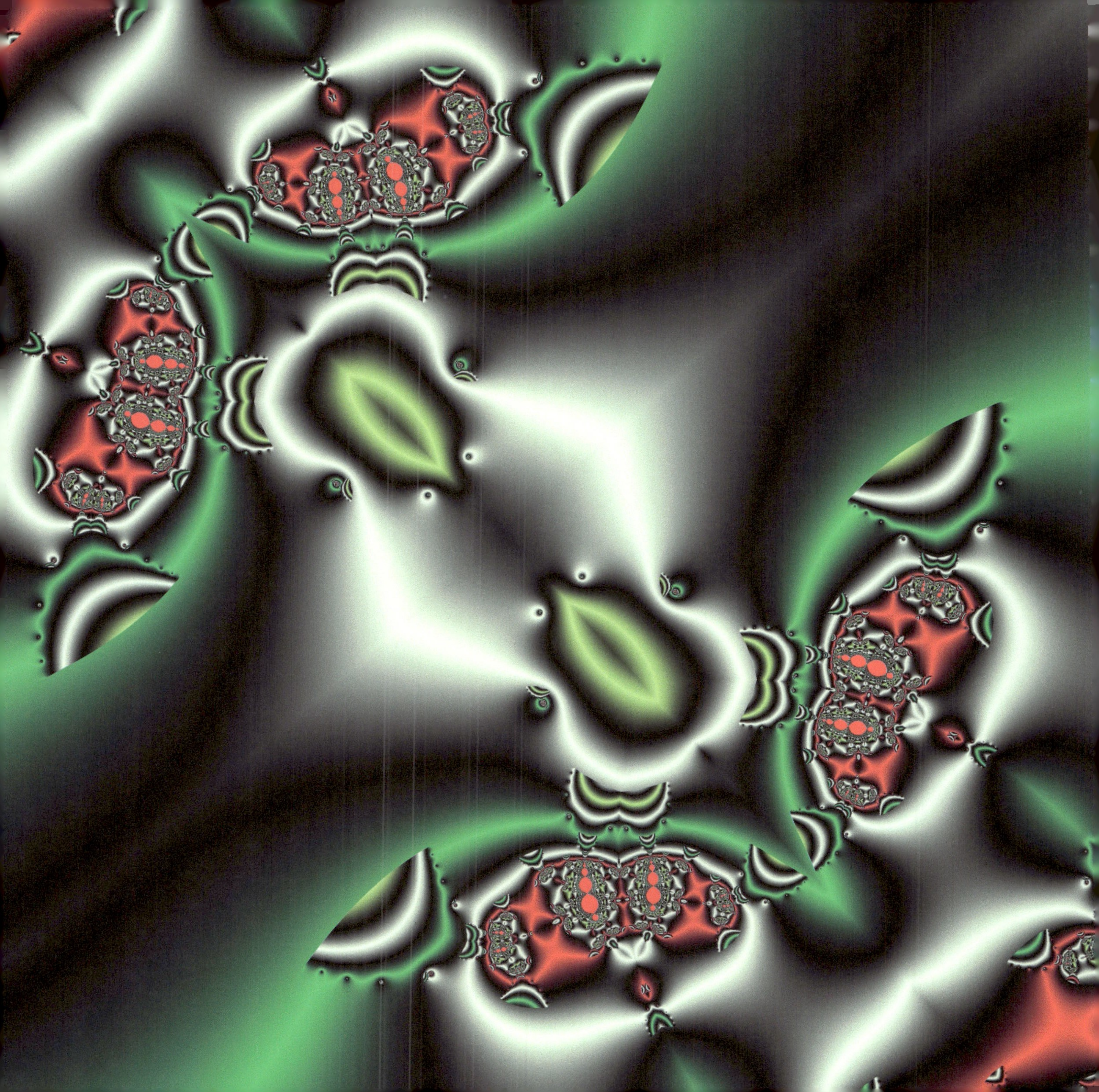

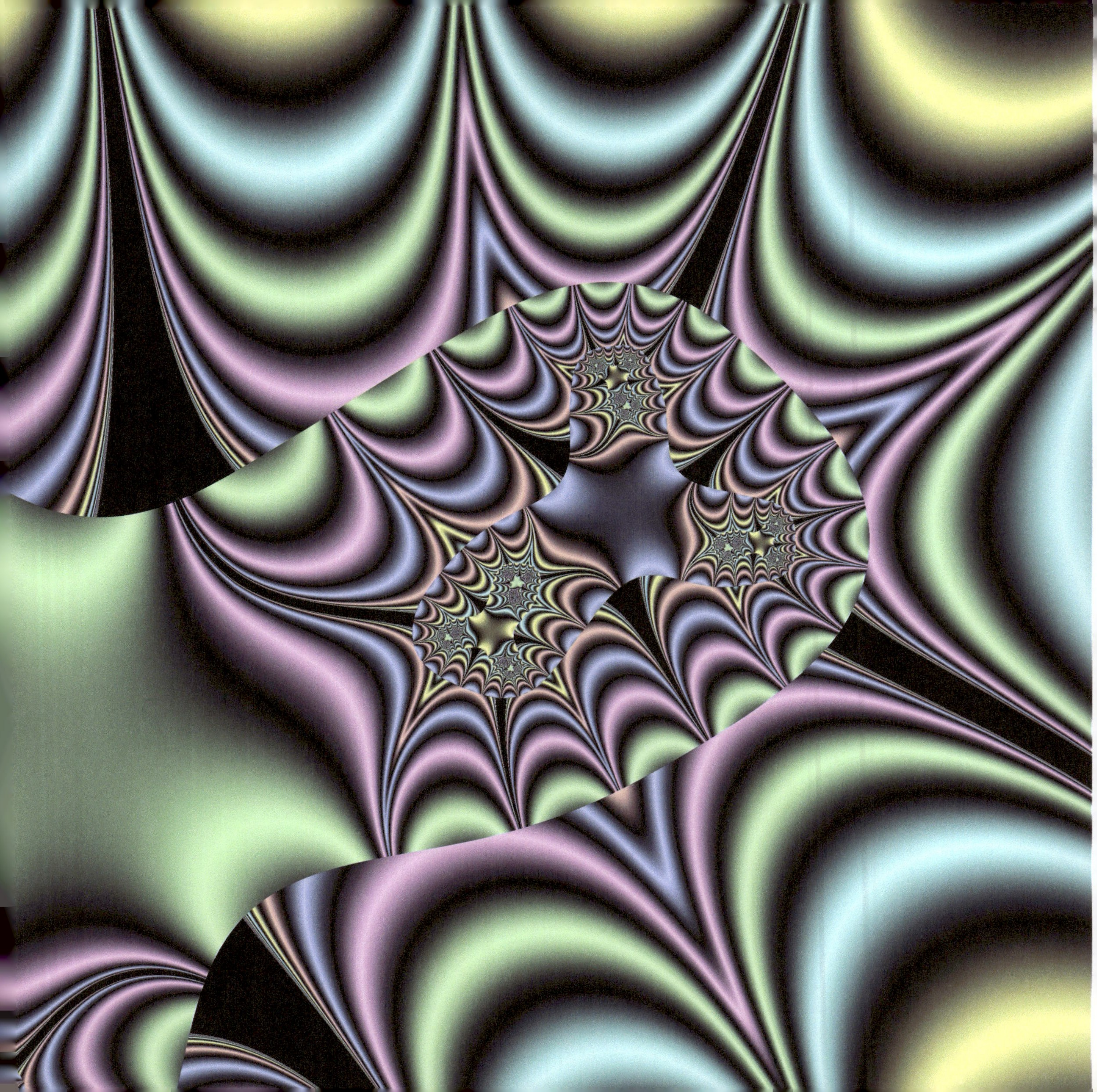

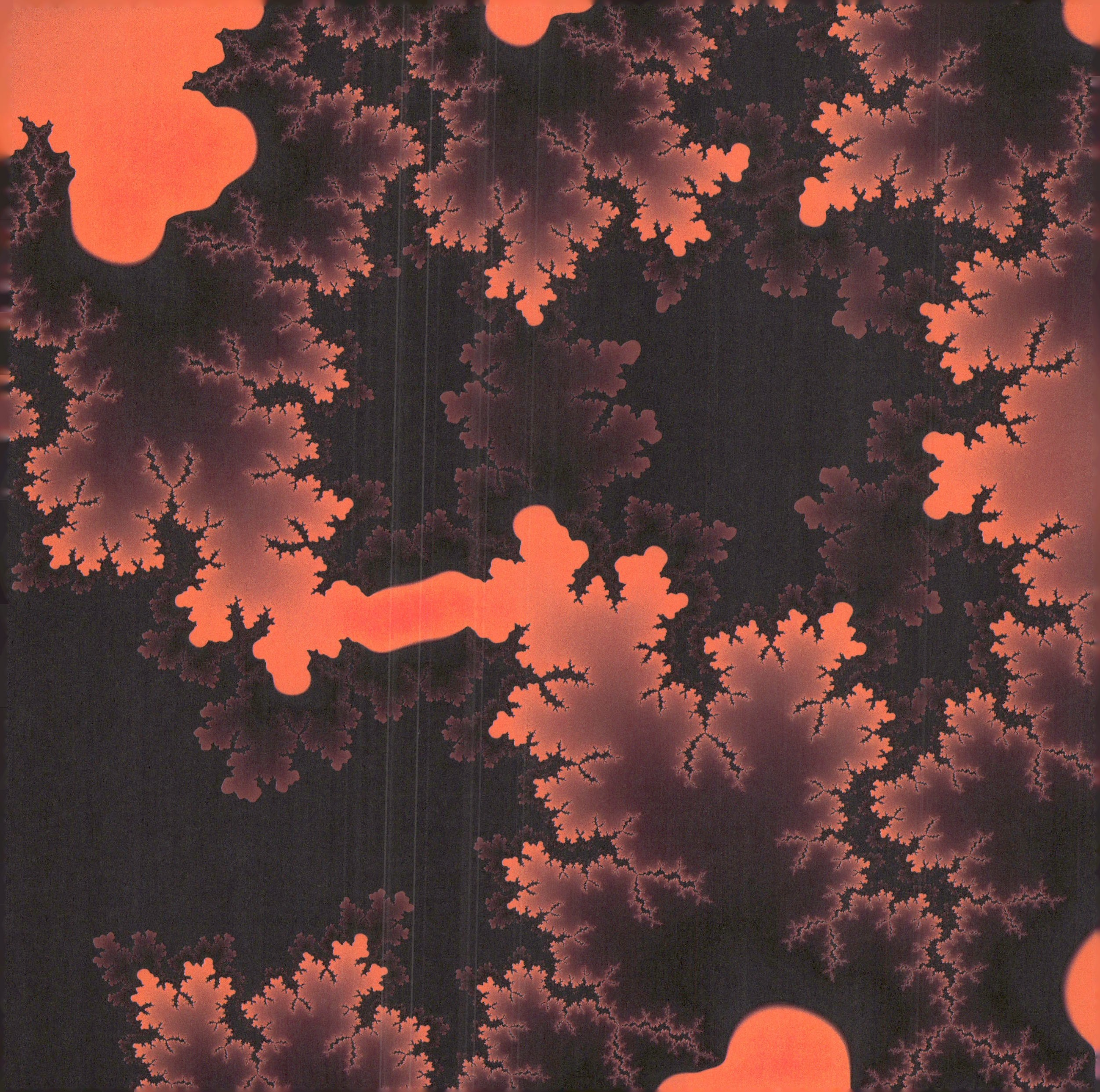

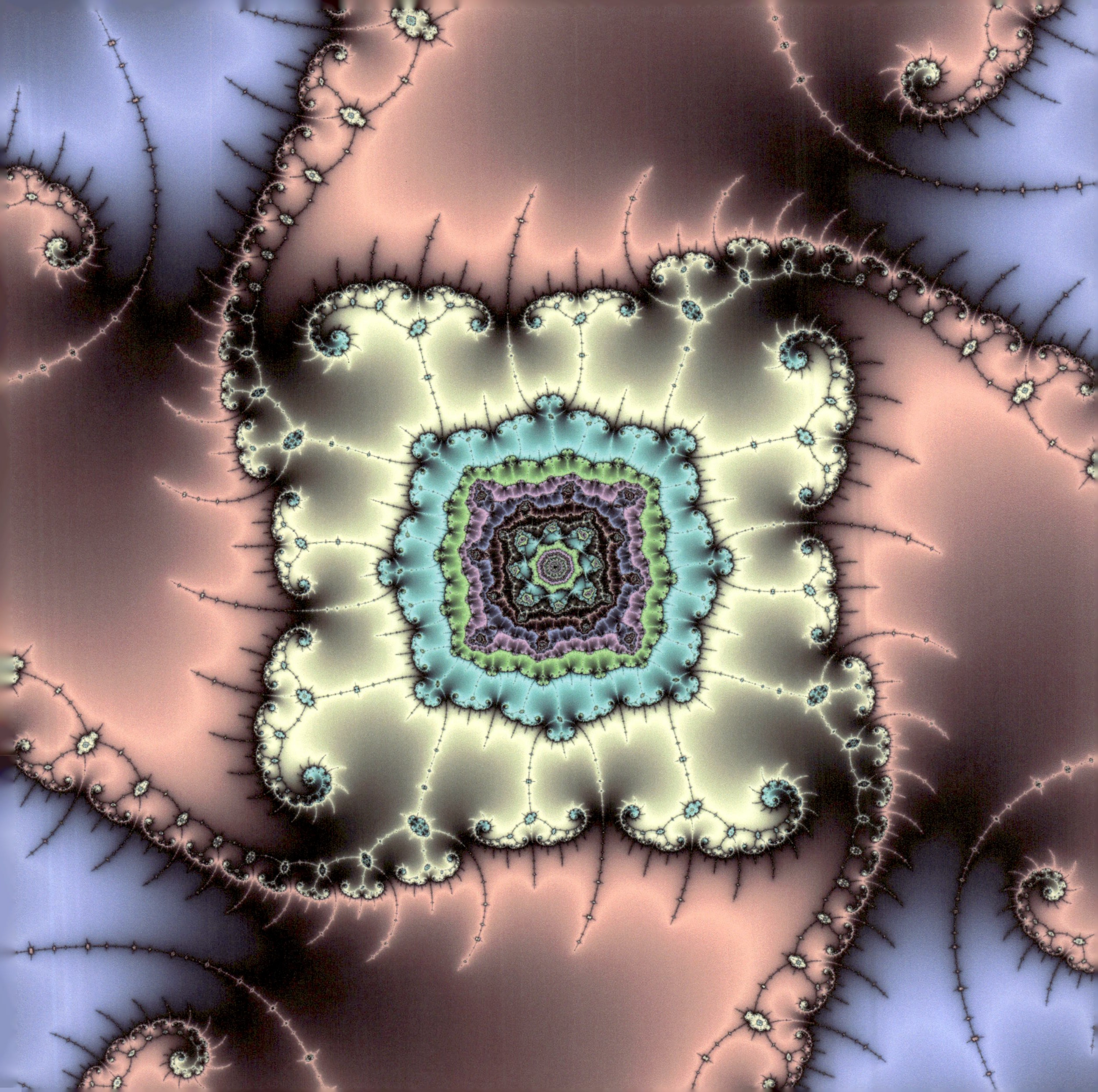

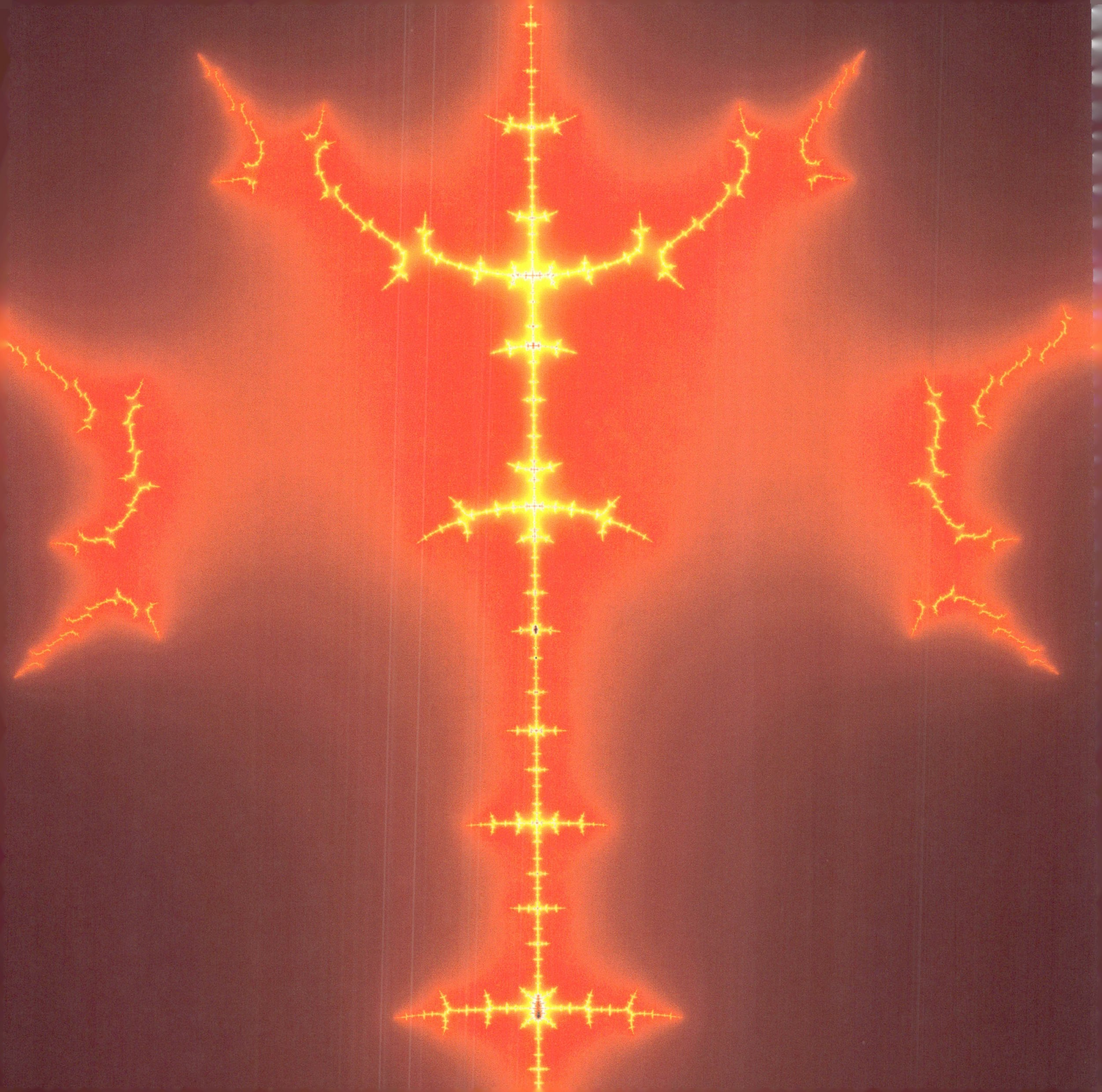

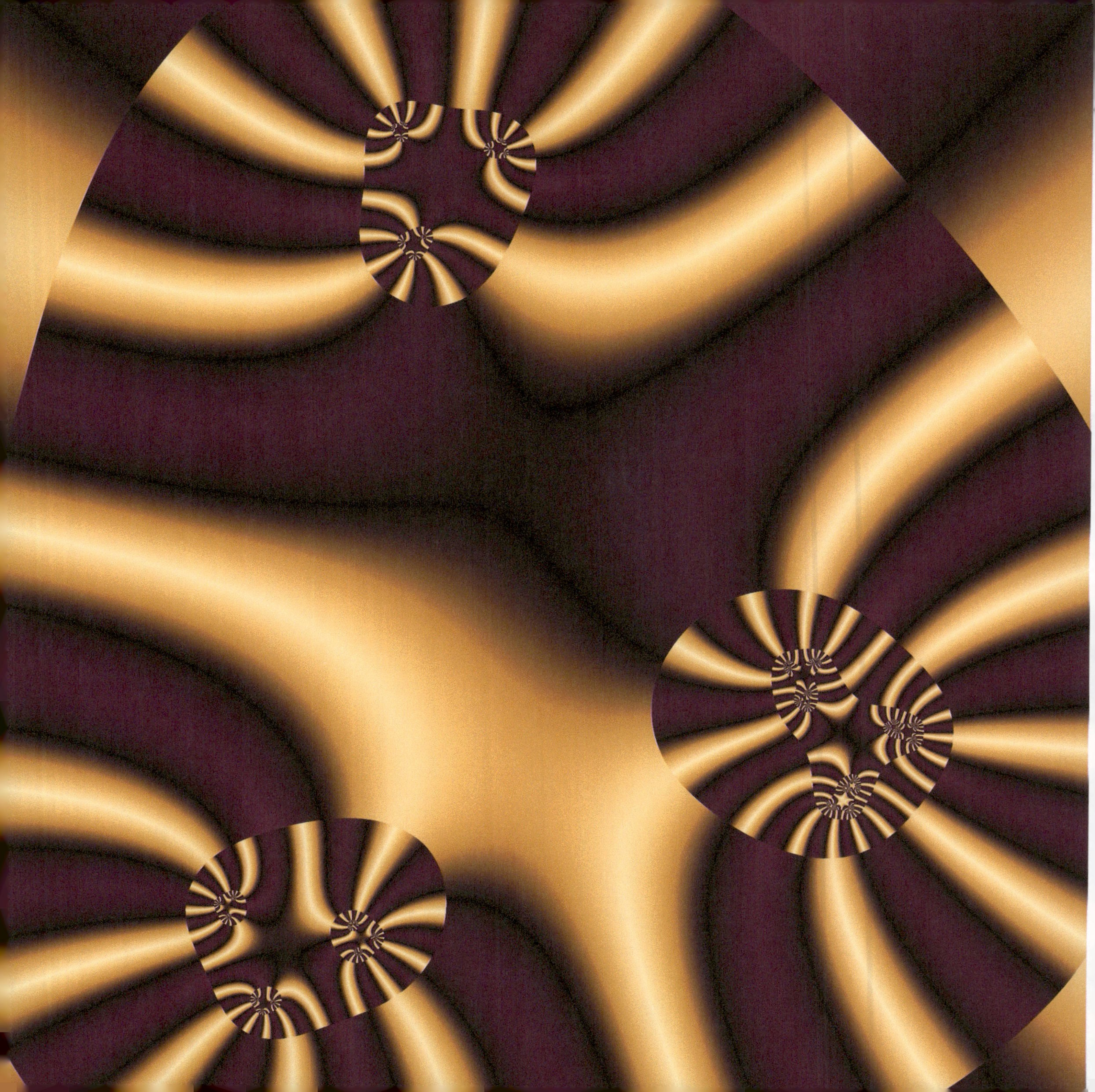

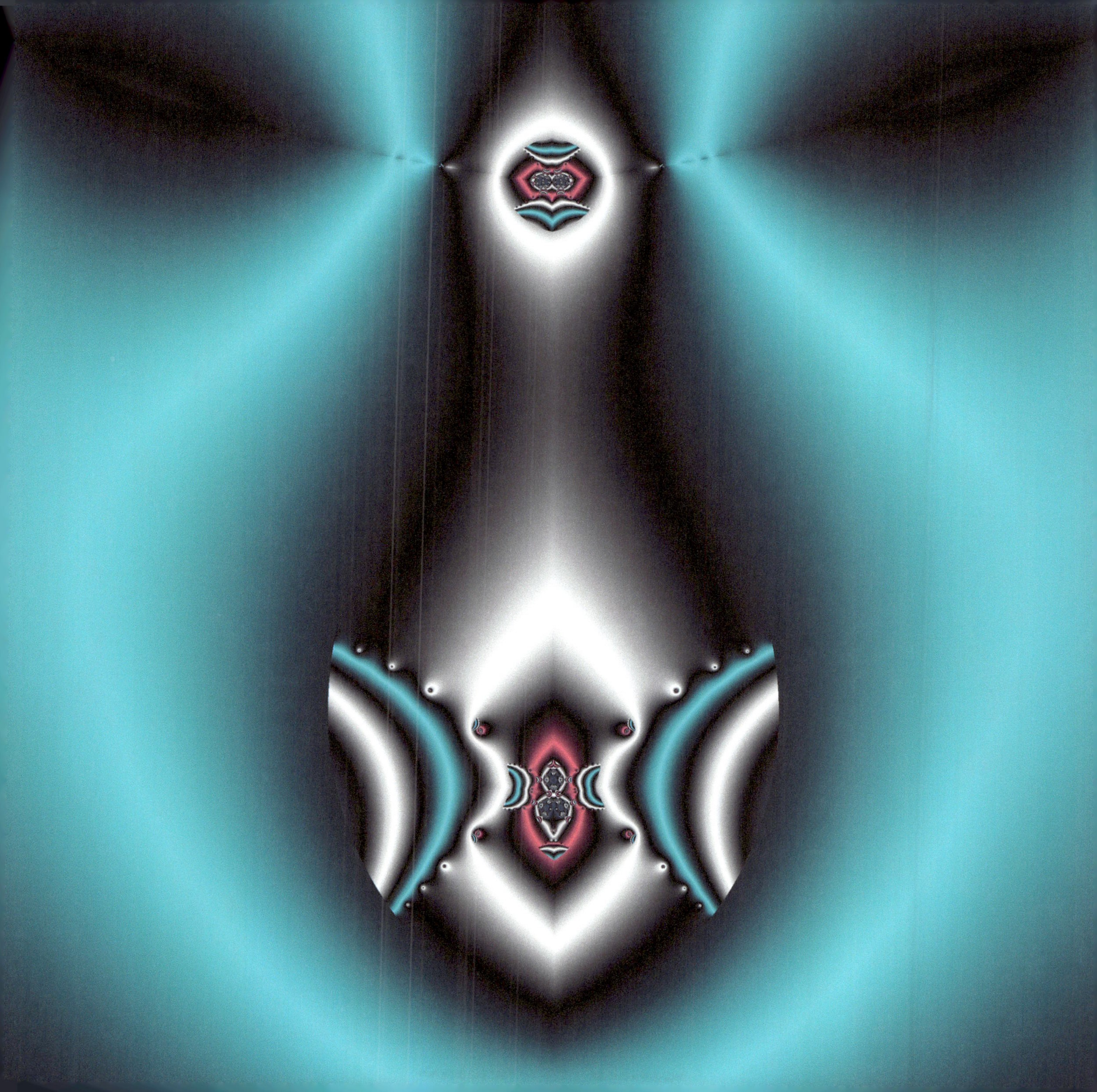

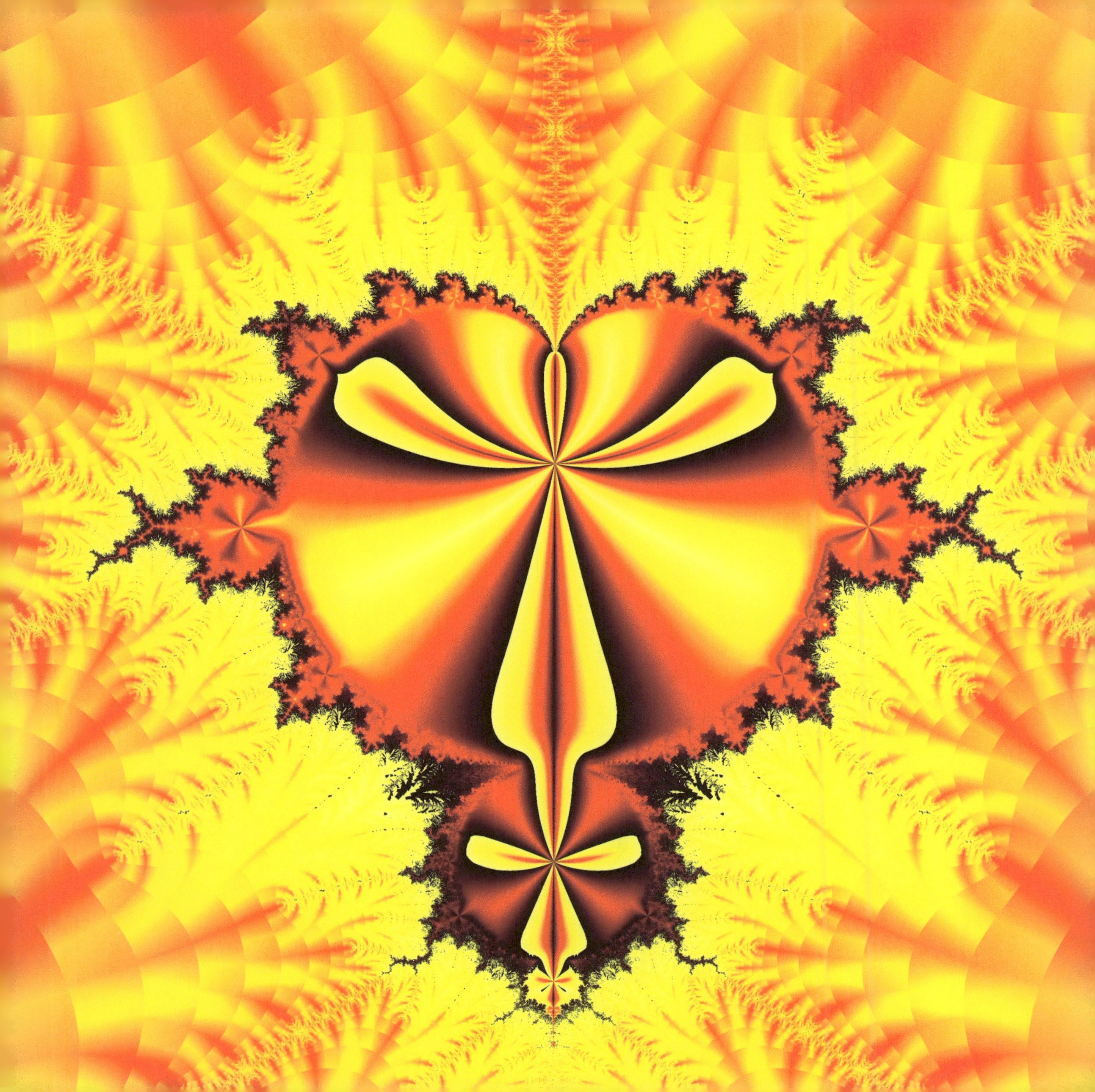

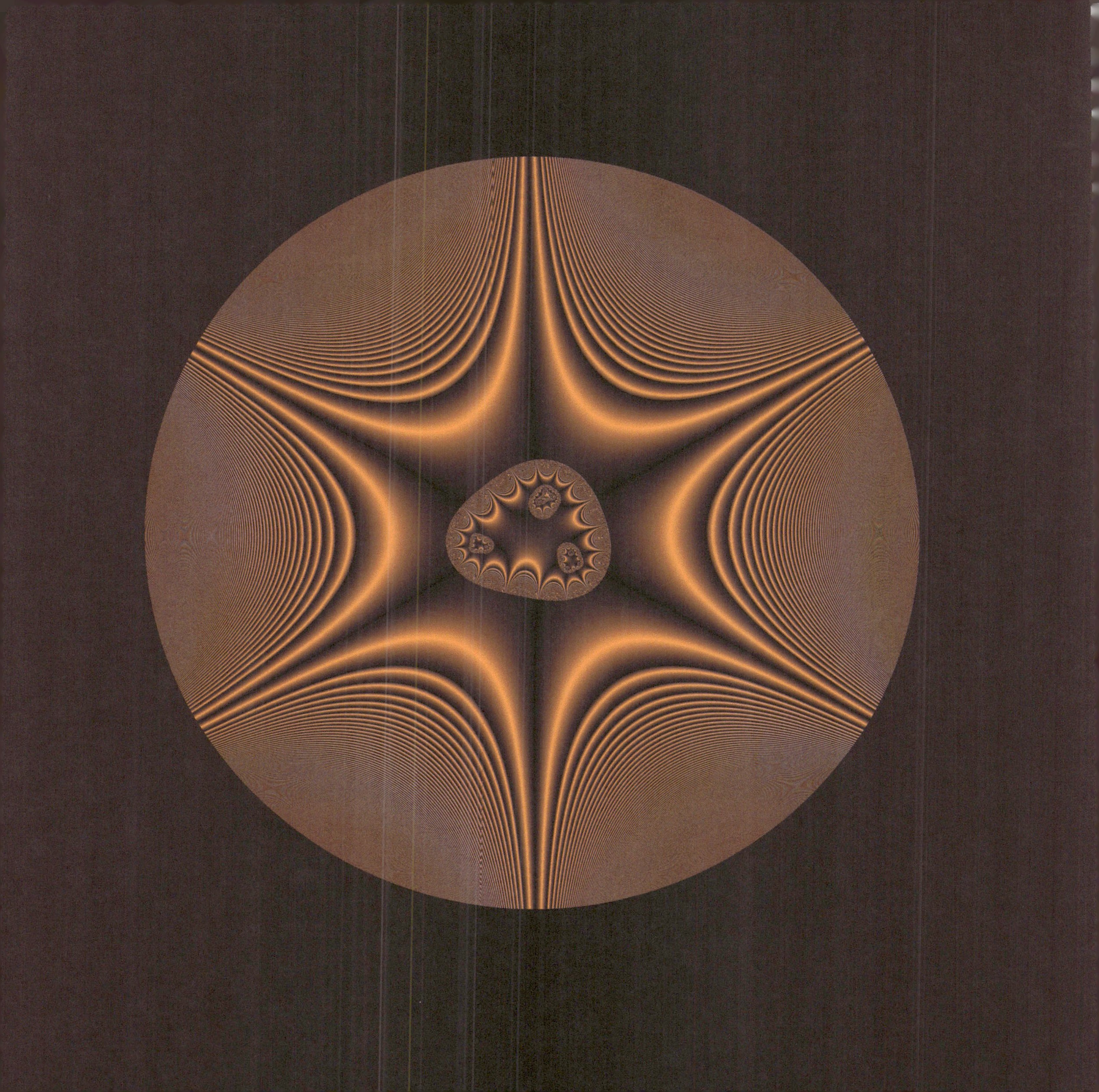

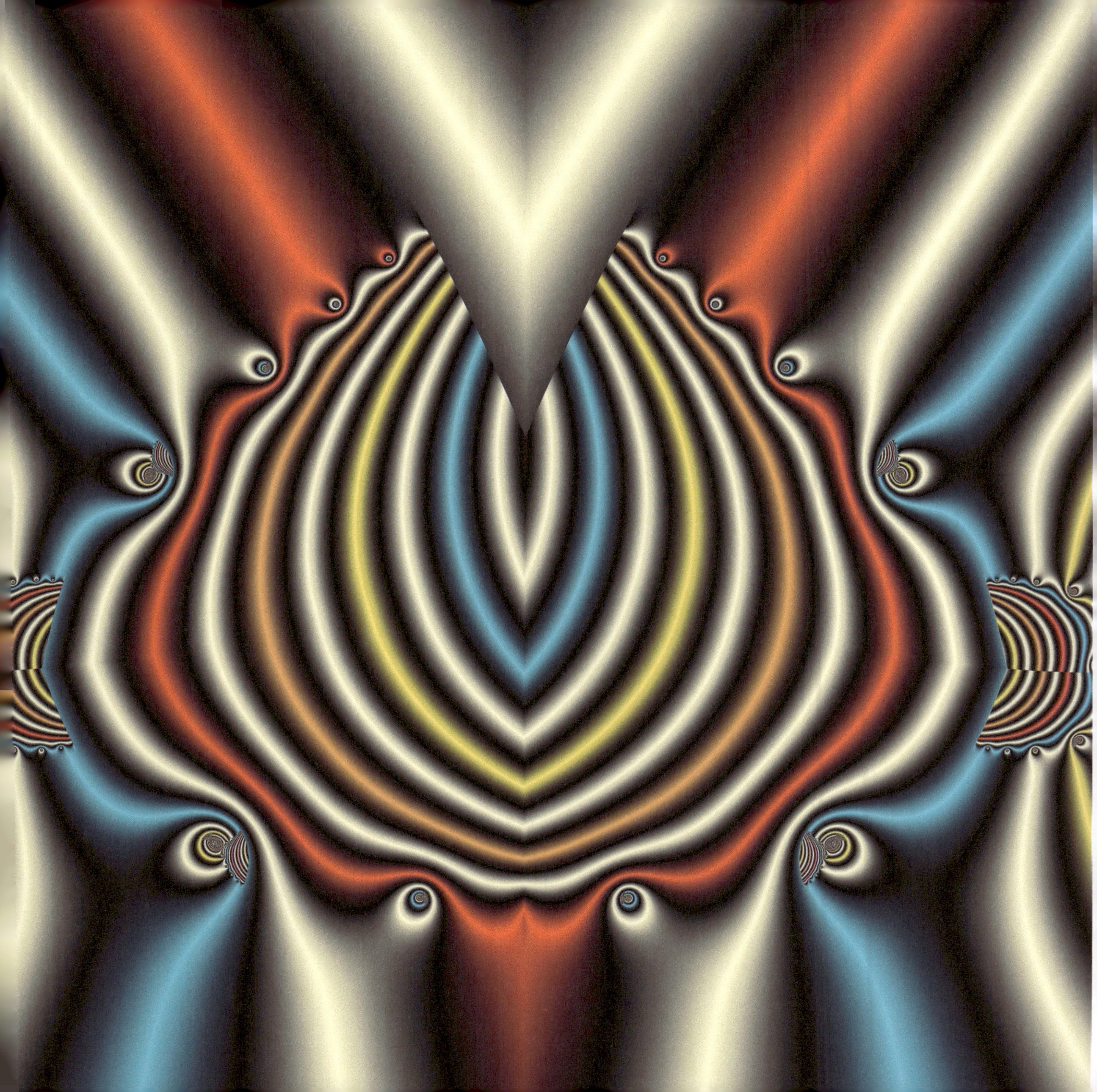

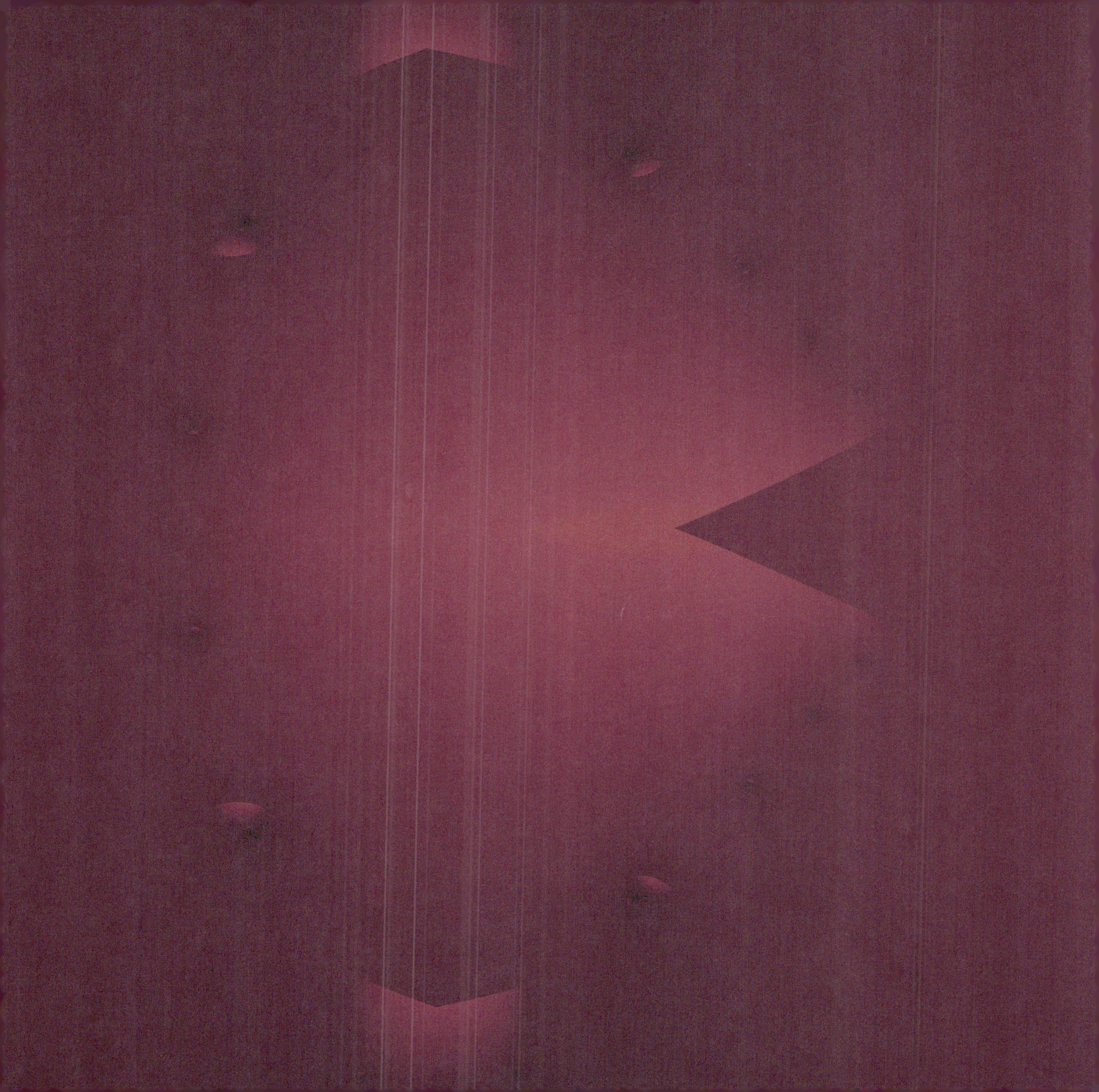

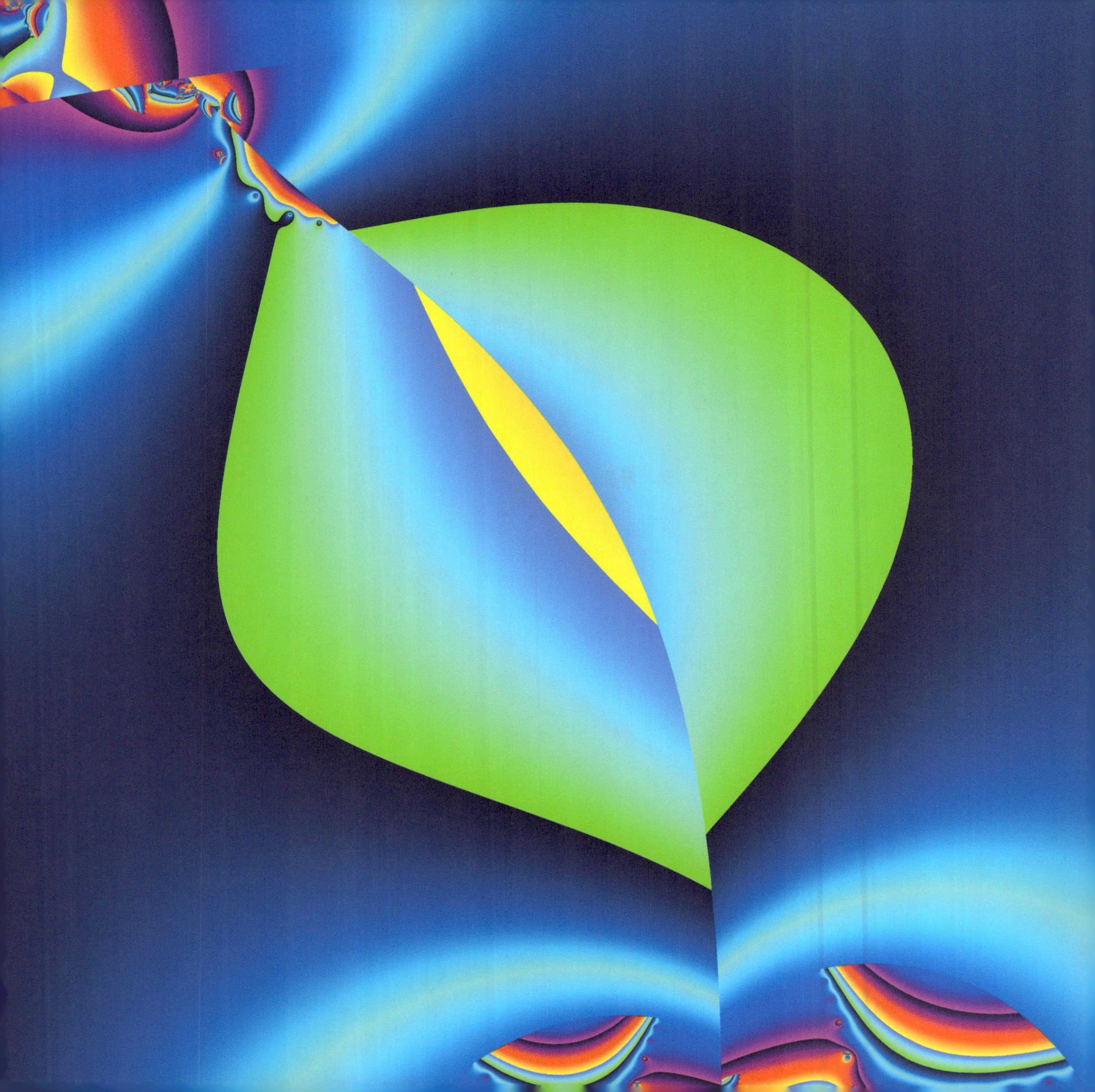

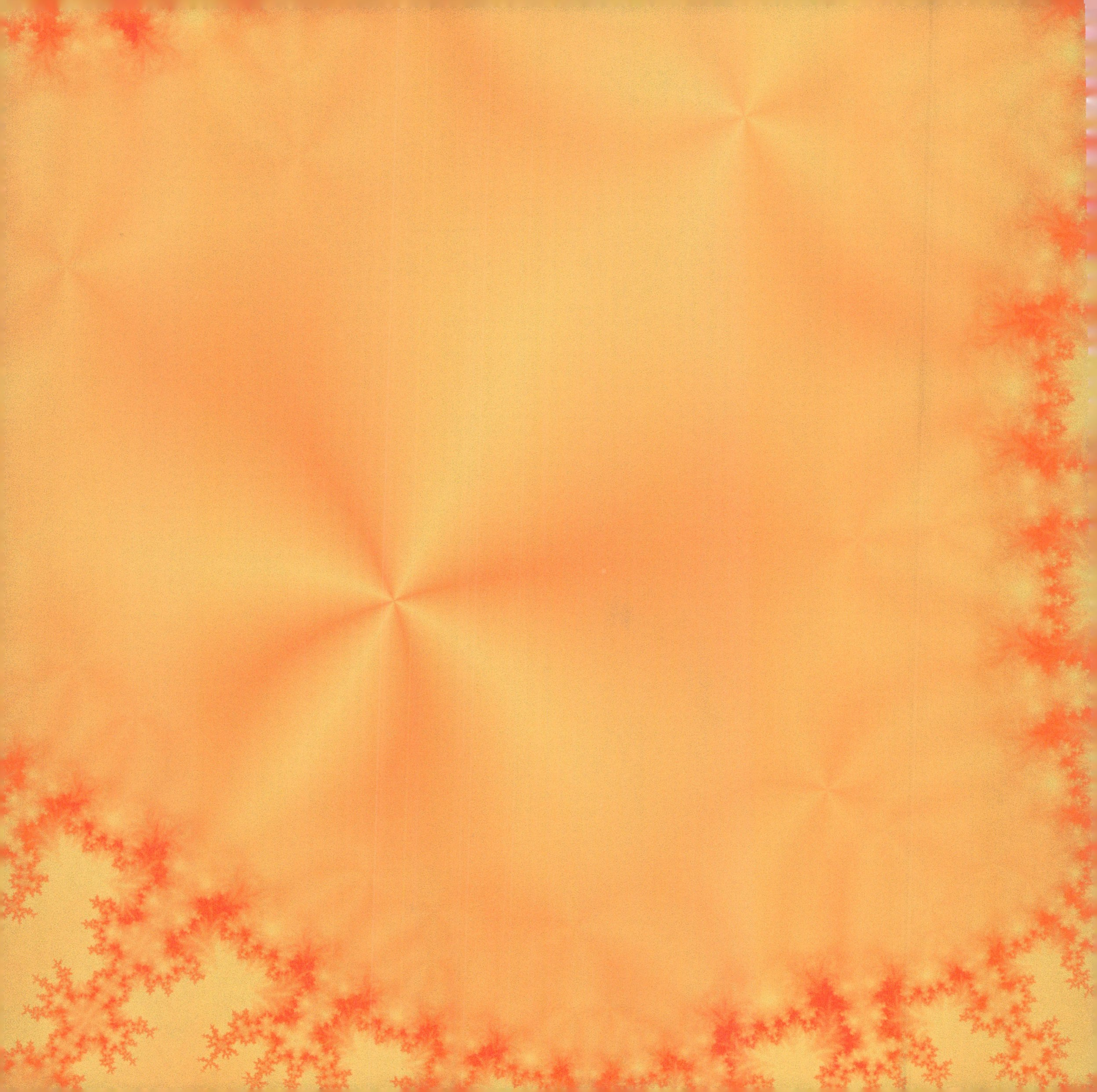

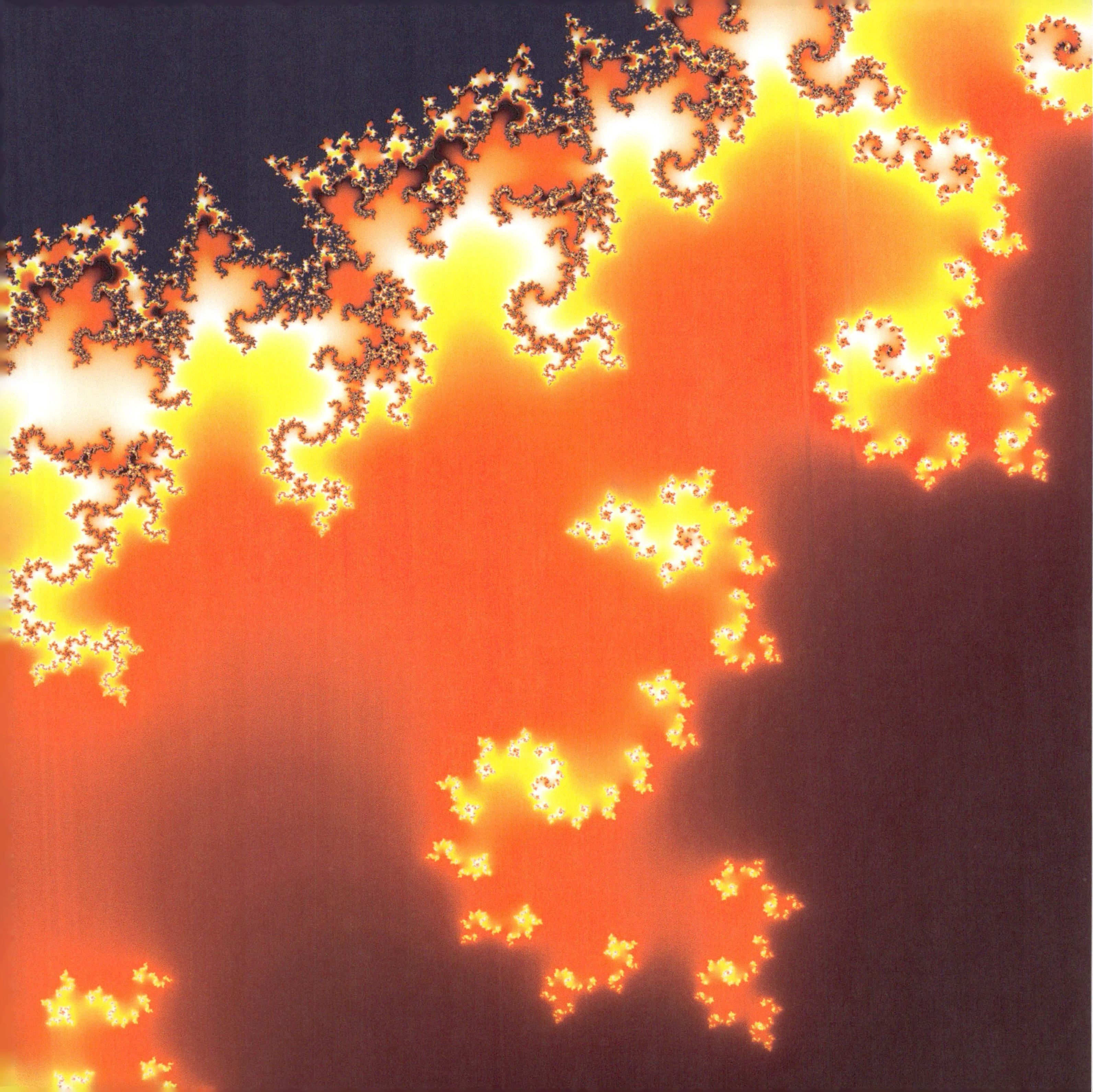

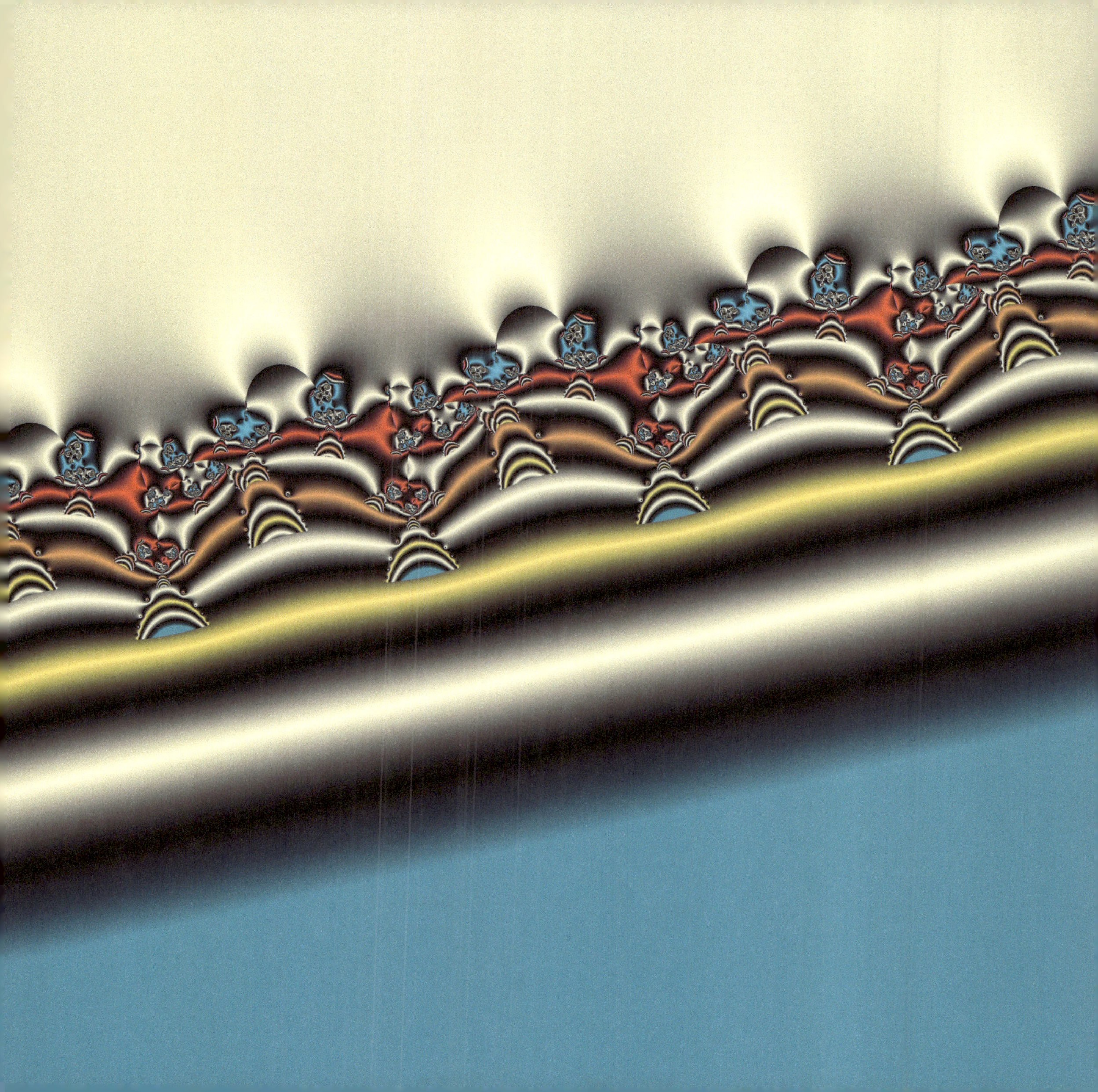

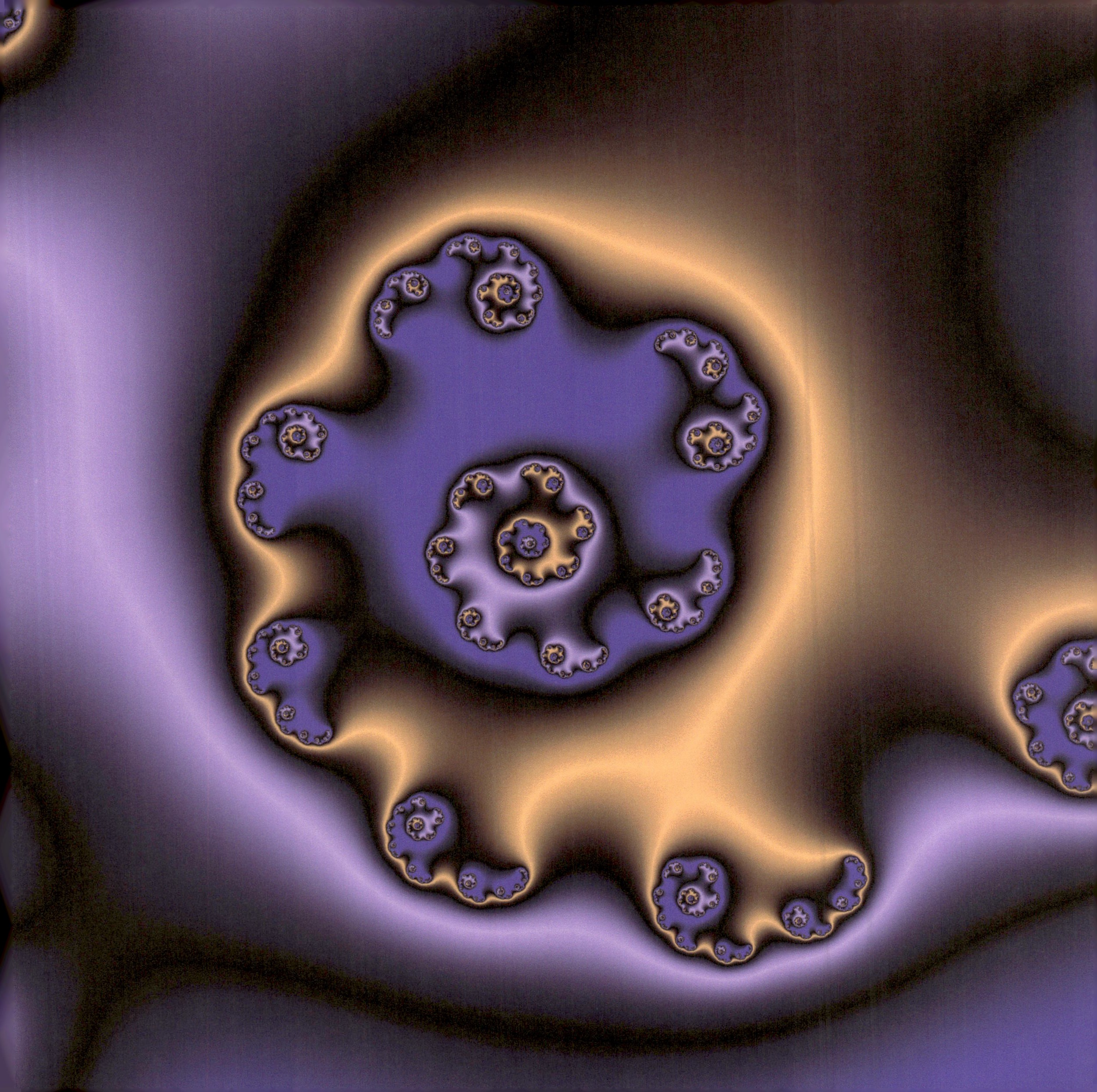

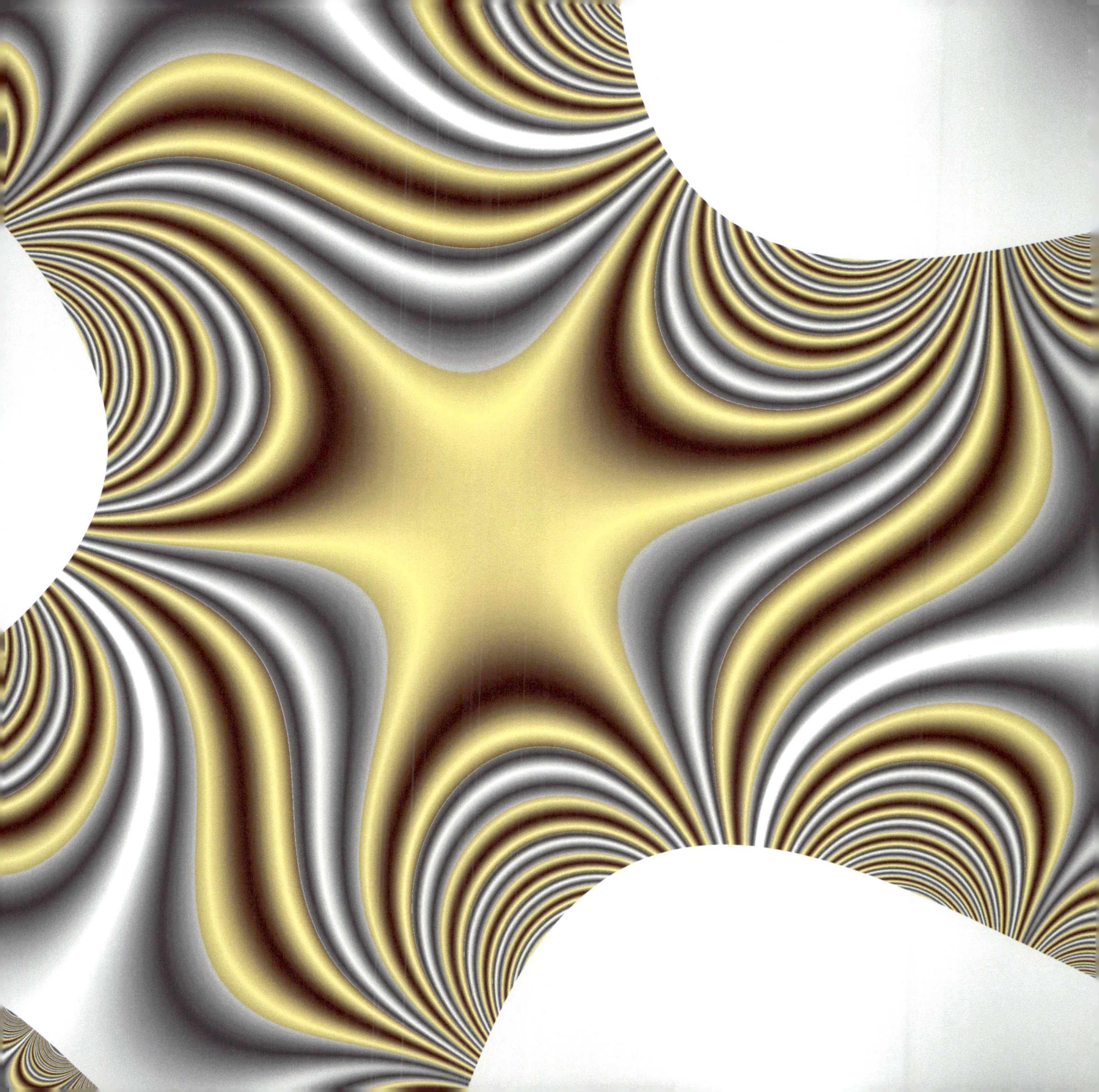

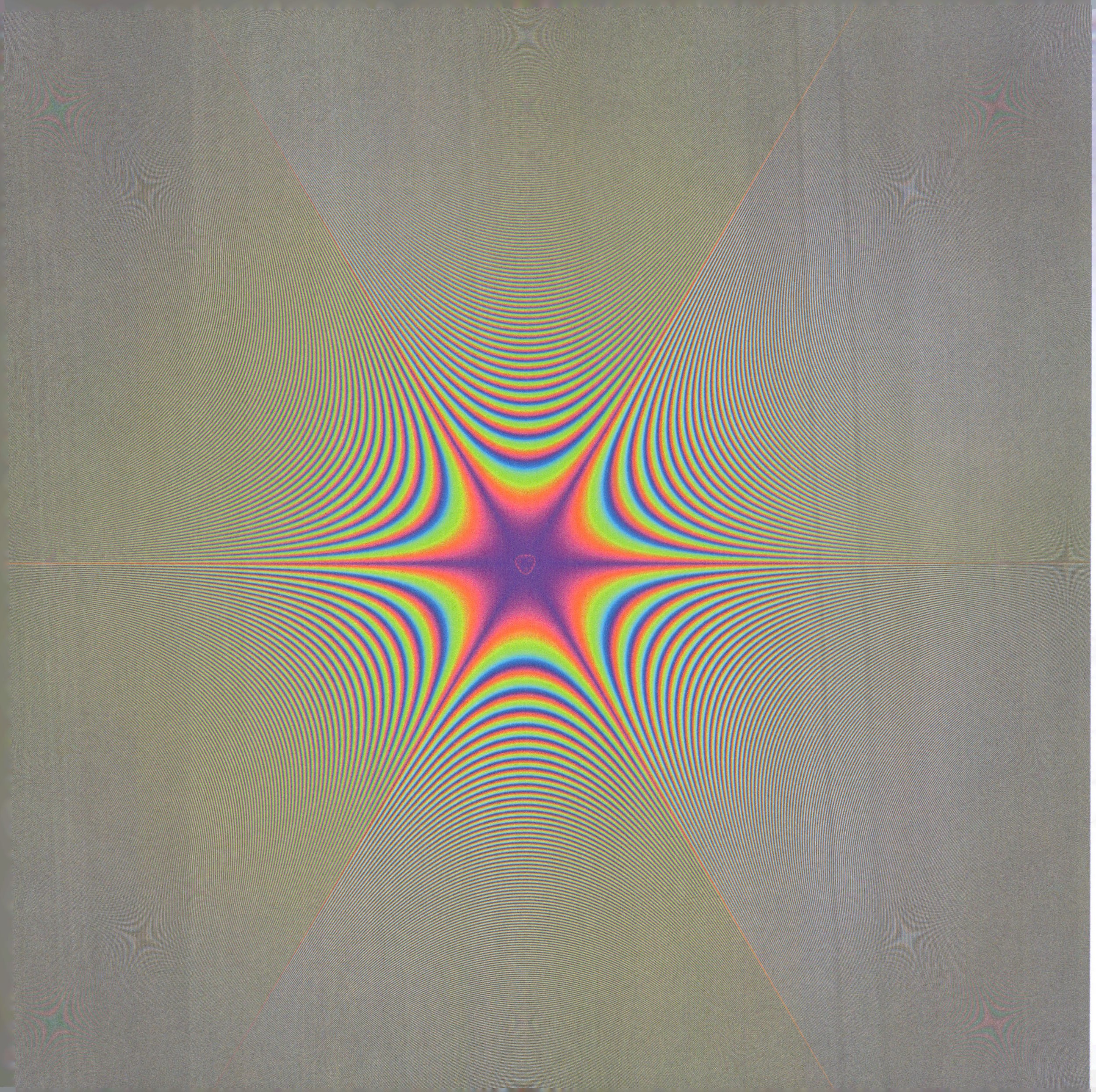

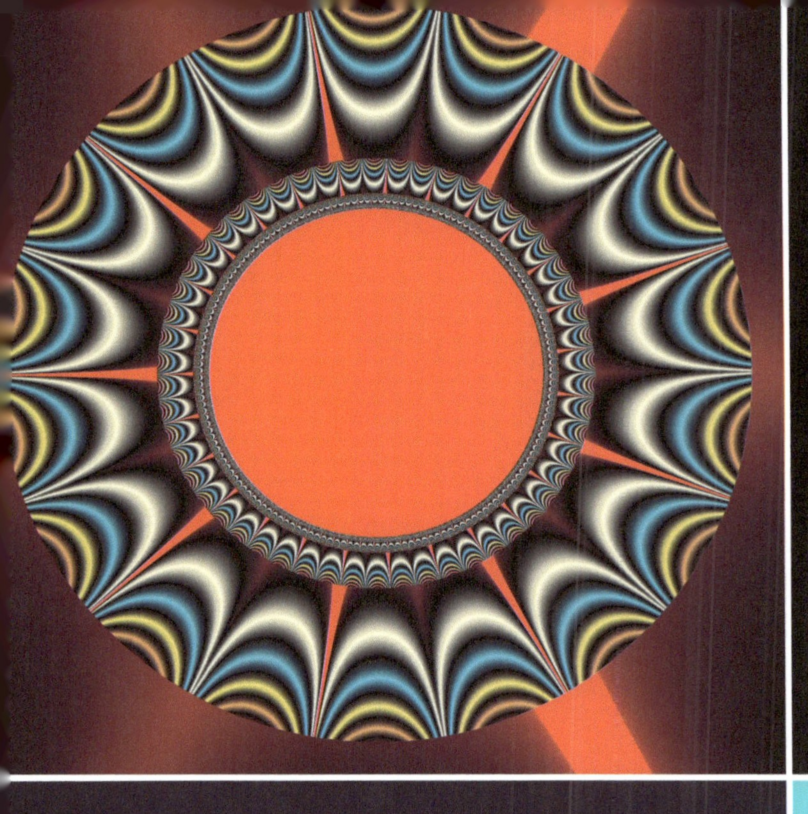
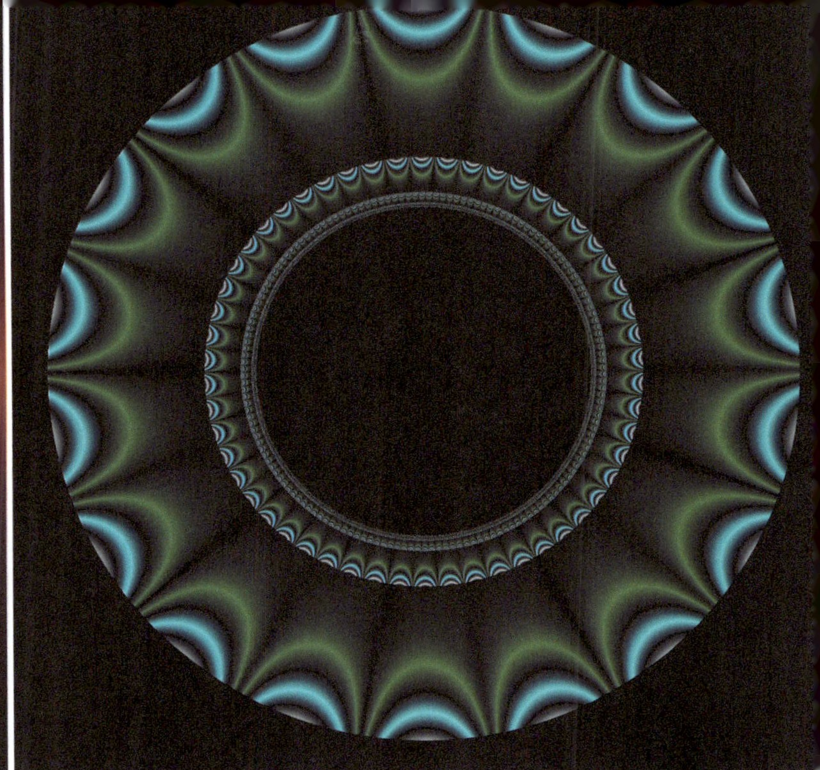
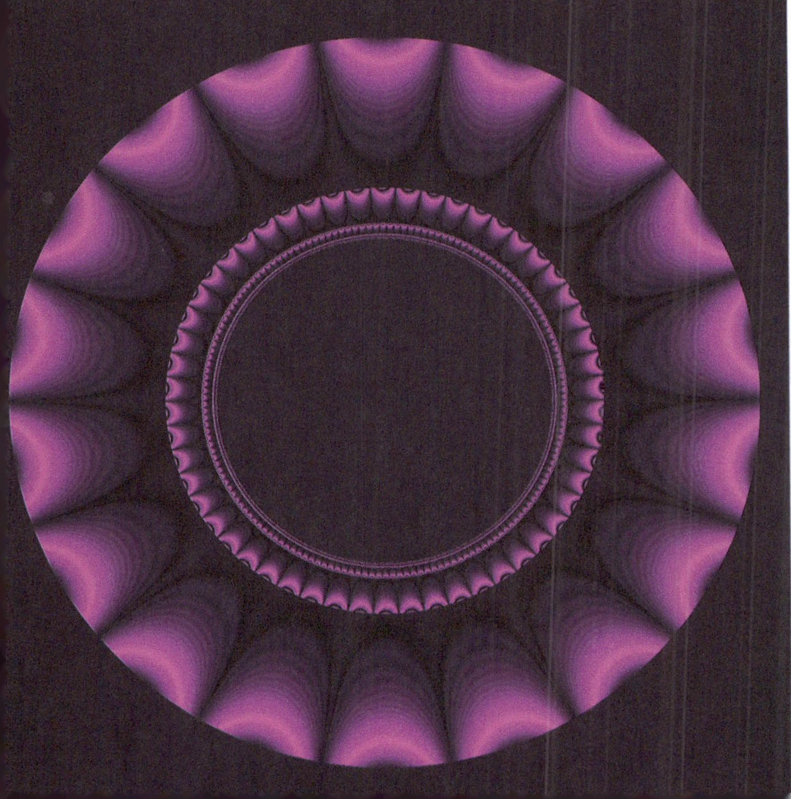
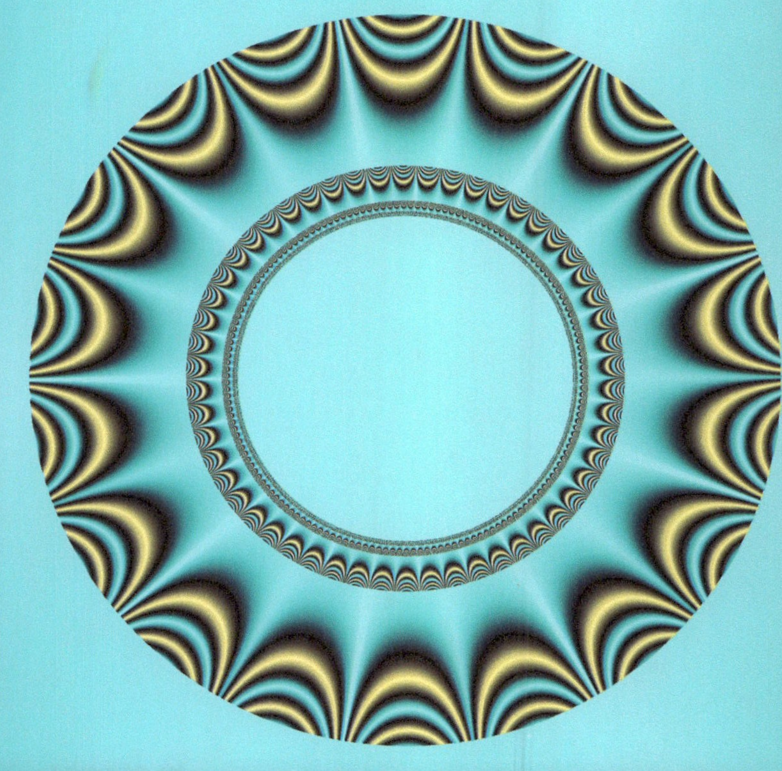

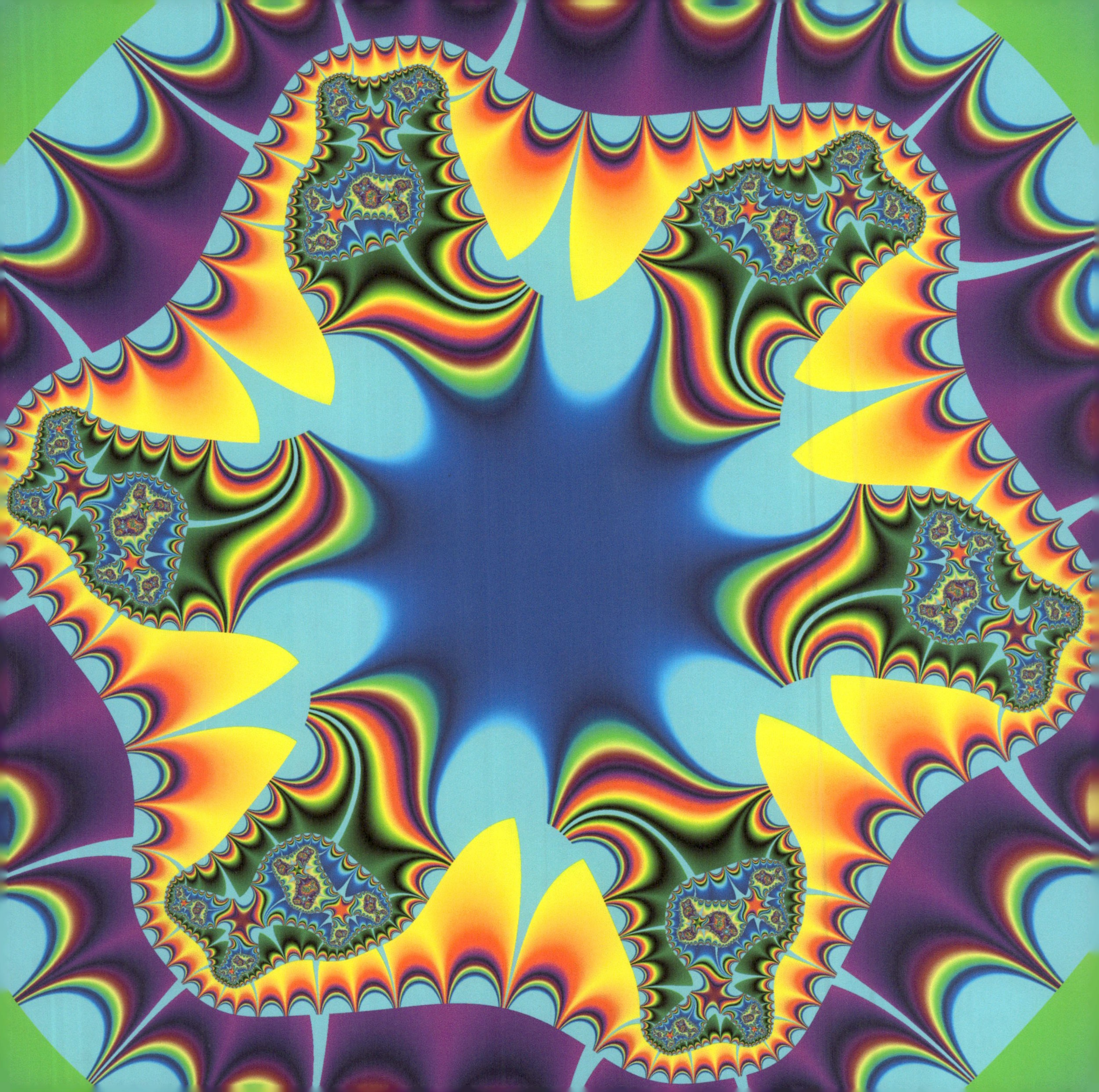